[英] 保罗 · 梅森 / 著　[英] 托尼 · 德 · 索莱斯 / 绘　高婷婷 / 译

海豚出版社
DOLPHIN BOOKS
CICG 中国国际传播集团

图书在版编目（CIP）数据

动物屎尿屁小百科. 厉害了！便便 / (英) 保罗 · 梅森著 ; (英) 托尼 · 德 · 索莱斯绘 ; 高婷婷译. -- 北京: 海豚出版社, 2022.6（2024.8重印）
ISBN 978-7-5110-5949-9

Ⅰ. ①动… Ⅱ. ①保… ②托… ③高… Ⅲ. ①动物-儿童读物 Ⅳ. ①Q95-49

中国版本图书馆CIP数据核字(2022)第059279号

The Poo that Animals Do
First published in Great Britain in 2017 by Wayland, a division of Hachette Childrens' Group.

著作权合同登记号：图字01-2022-1187

动物屎尿屁小百科：厉害了！便便
[英]保罗 · 梅森/著 [英]托尼 · 德 · 索莱斯/绘 高婷婷/译

出 版 人：王 磊
责任编辑：张 镛 潘金月
特约编辑：田 颖
封面设计：申海风
责任印制：于浩杰 蔡 丽
法律顾问：中咨律师事务所 殷斌律师
出 版：海豚出版社
地 址：北京市西城区百万庄大街24号
邮 编：100037
电 话：010-68325006（销售） 010-68996147（总编室）
邮 箱：dywh@xdf.cn
印 刷：北京永诚印刷有限公司
经 销：新华书店及网络书店
开 本：889毫米×1194毫米 1/20 印 张：4.8
字 数：74千字 印 数：9001-16000
版 次：2022年6月第1版 2024年8月第4次印刷
标准书号：ISBN 978-7-5110-5949-9 定 价：68.00元（全3册）

目

录

便便侦探

你知道吗？动物们的便便样子可多了——有各种各样的形状，各种各样的尺寸，各种各样的颜色，还有各种各样的气味。不过，有学问的便便侦探只要看上一眼，就能告诉你这些便便是什么动物留下的。

你也想当便便侦探吗？来，仔细观察下面的便便，猜猜它们都是什么动物留下的吧。

谁的便便？

这里有牛的便便、狗的便便、大象的便便、鱼的便便、老鼠的便便和兔子的便便，请你将它们对号入座。第31页有答案哦。

铛铛！科普时间到

便便的“前世今生”

嘿！你踩到过狗的便便吗？是不是觉得如果世界上没有便便就好了？可不能这么想，因为便便对大自然来说，真的非常重要。

来，咱们瞧瞧这只熊的便便的故事……

❶ 熊在森林里便便。
噗！

❷ 便便逐渐分解，变成泥土的一部分。

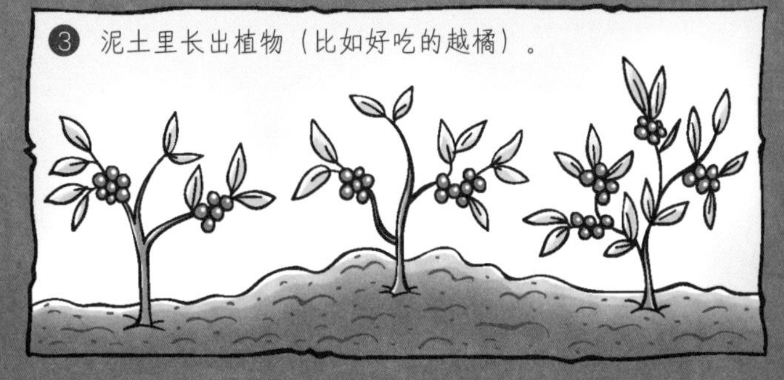

❸ 泥土里长出植物（比如好吃的越橘）。

❹ 熊吃掉植物（它们还挺喜欢吃越橘的），也会吃掉以植物为食的小动物。

❺ 这些食物在熊的体内被消化，然后……
噗！

便便大世界

想知道便便的世界有多奇妙吗？那里有能让你变得超级富有的便便，有方方正正的便便，还有能做出世界上最贵的咖啡的便便。赶快翻开下一页，在便便的世界里大玩特玩吧！

水母会便便吗？

你是不是还想问：水母在便便的时候会不会变成臭水母呢？嗯……那要看你觉得什么样的东西算是便便了。

如果你觉得便便就是“一泡黄黄的、臭臭的东西”，那水母可制造不出来。

它们用口吞下食物，吸收养分，再把剩下的残渣以黏液的形式从口中排泄出来。

听起来可真恶心——但幸好它和我们平时说的便便不一样。

各种各样的便便

我们常说的便便，是指被动物“拉”出来的那种。这些动物的身体结构可比水母复杂多了。它们吃下的食物会在身体里“旅行”，每到一处就会发生不同的变化。食物在身体里跑啊跑啊，跑到最后，便便诞生了！

虽然食物在动物身体里的旅行路线差不多，但被拉出来的时候可不一样。便便长成什么样要看动物的个头有多大，还有它们平时喜欢吃什么。

嘀嘀！科普时间到

便便是怎么来的？

便便是一种固体（或类似固体的东西）。动物吃下的食物经过消化，就会形成便便被排出体外。

瞧，这头美洲豹正在吃鱼。咱们来看看鱼是怎么变成便便的：

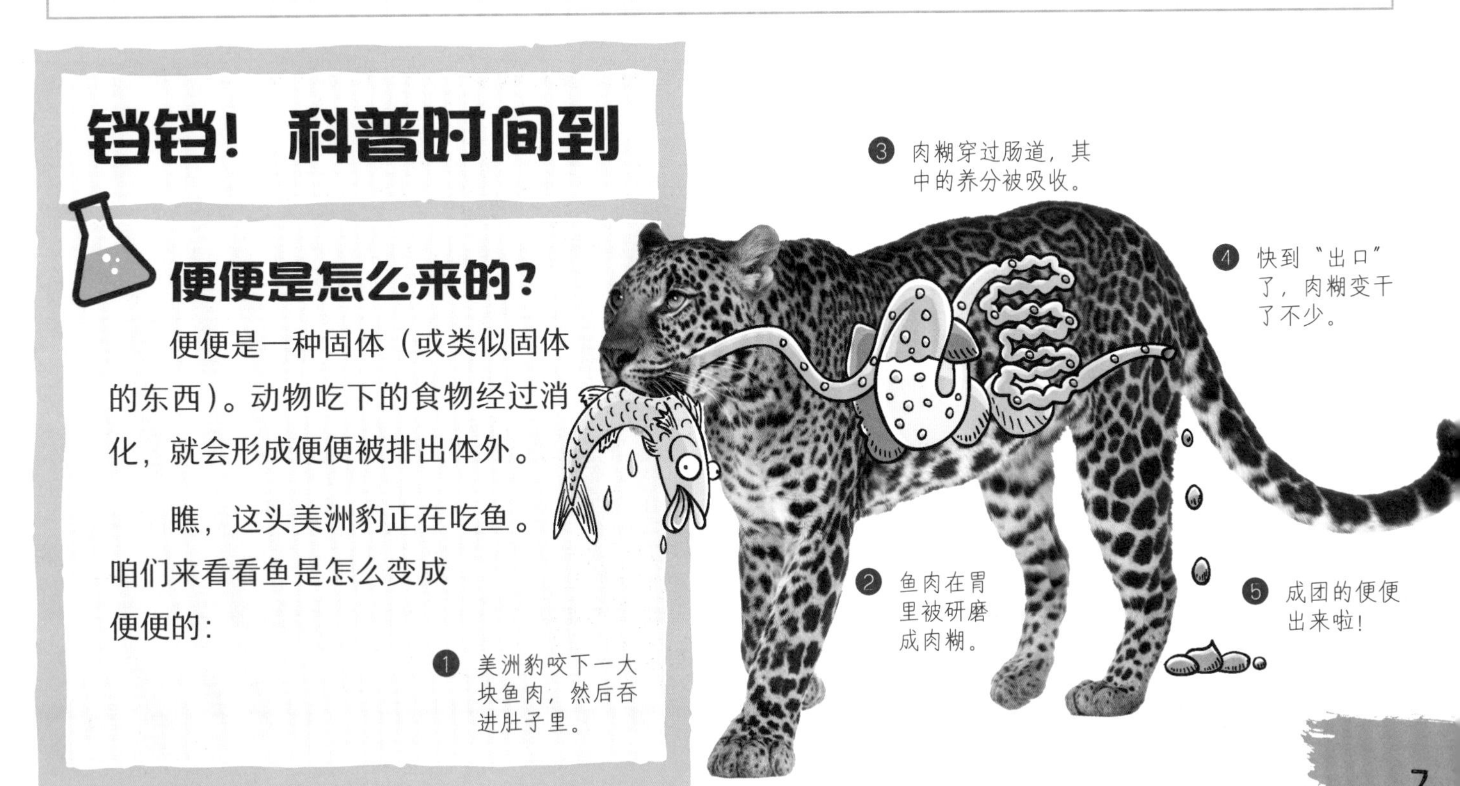

1 美洲豹咬下一大块鱼肉，然后吞进肚子里。
2 鱼肉在胃里被研磨成肉糊。
3 肉糊穿过肠道，其中的养分被吸收。
4 快到“出口”了，肉糊变干了不少。
5 成团的便便出来啦！

超贵的便便

你见过价值 4 万英镑的便便吗？8 岁的英国男孩查理·奈史密斯就捡到过一块——没错，有的便便就是这么贵！

2012年，查理在英国多塞特郡的海边捡到了一块龙涎香。龙涎香是抹香鲸的便便，经常被用来制作昂贵的香水。这块龙涎香别看只有600克，却价值连城。下次去海边的时候，你要记得把眼睛睁大哦！

抹香鲸的便便，也叫龙涎香

信不信由你
韦恩·克林克养了一条名叫桑丹斯的狗。有段时间他突然开始收集桑丹斯的便便，因为桑丹斯吃掉了一个装着500美元纸币的信封！
克林克把被嚼碎的钱从桑丹斯的便便中挑出来，重新粘好，寄给美国财政部。过了几个月，财政部给他寄回了一张500美元的支票。

抹香鲸的便便是“漂浮的黄金”！

便便大战

19世纪60年代，智利、秘鲁和西班牙之间曾展开过一场“便便大战”。为了争夺钦查群岛，三个国家大打出手。要知道，这片岛屿满是海鸟粪，而海鸟粪可是非常宝贵的肥料。

猫屎咖啡

如果有人请你喝猫屎咖啡，你可得三思。这种咖啡的咖啡豆非常特别——要先被麝香猫吃进去，再被它们拉出来。麝香猫和中型狗差不多大，脸长得像浣熊。据说经过麝香猫肠道的发酵，咖啡豆会增添独有的风味。

制作猫屎咖啡用的咖啡豆

麝香猫属于灵猫科

便便武器

绝大多数动物都不喜欢便便，所以有些动物就用便便来保护自己。

便便烟幕弹

成年抹香鲸体形巨大，没人敢惹，可小抹香鲸就没那么幸运了。所以，小抹香鲸一旦发现有捕食者靠近，就会奋力拉出一大块便便，再用尾巴拍打海水，把海水搅浑。这样，它就可以藏在“便便烟幕弹”里啦！

便便霰弹枪

如果你离戴胜的巢太近的话，它们就会冲你发出“嘶嘶”的警告声。这时你一定要快跑，因为接下来它们就要用便便喷你的眼睛了！

便便保护盾

为了不被敌人吃掉，你会用便便把自己埋起来吗？马铃薯甲虫宝宝就会（还好它们用的是自己的便便）。马铃薯甲虫宝宝的便便还含有毒性，这样一来，它们就相当于有双重保护啦。

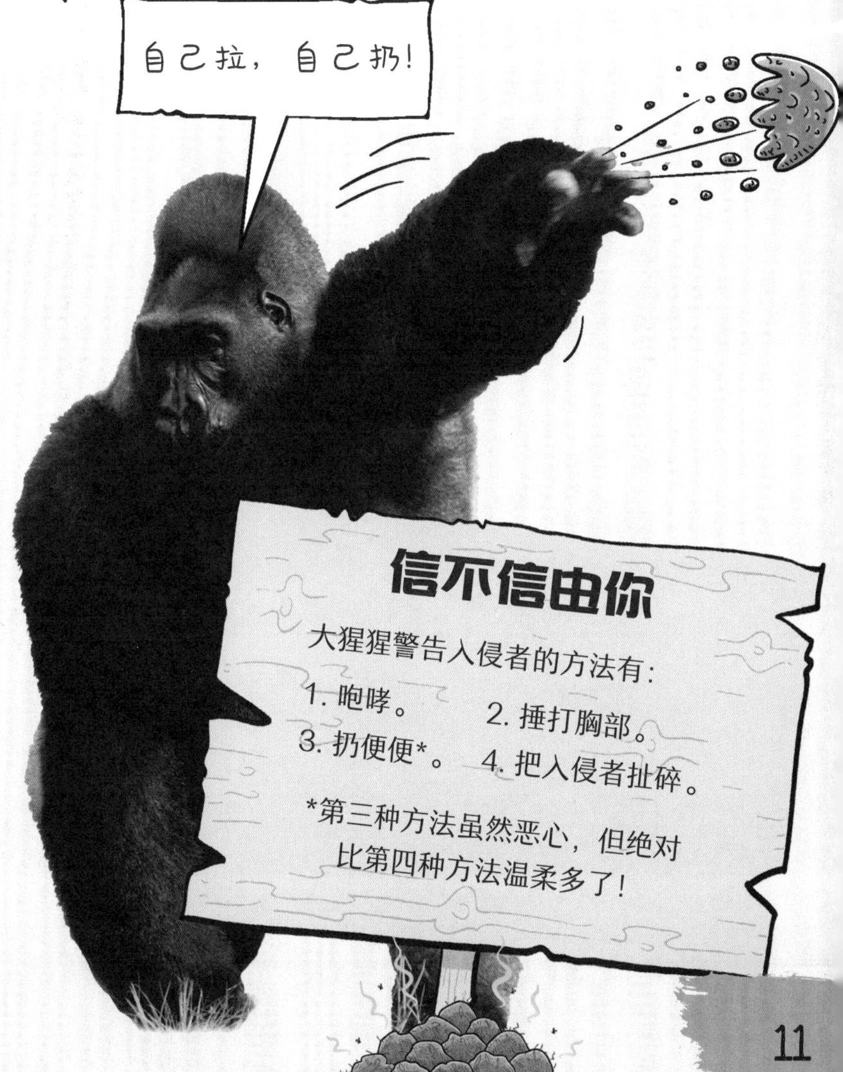

自己拉，自己扔！
信不信由你
大猩猩警告入侵者的方法有：
1. 咆哮。
2. 捶打胸部。
3. 扔便便*。
4. 把入侵者扯碎。
*第三种方法虽然恶心，但绝对比第四种方法温柔多了！

便便育婴室

蜣螂和便便的关系可不是一般的亲密——它们用便便来养育后代！

蜣螂准备产卵之前，会将其他动物的便便滚成一个大球，埋到地下，再把卵产进去。蜣螂宝宝孵化出来后就可以大吃周围的便便了……呕！

几个月后，小蜣螂会自己挖开泥土，爬出地面。好神奇呀！

蜣螂能用便便滚出相当于自己身体10倍大小的球

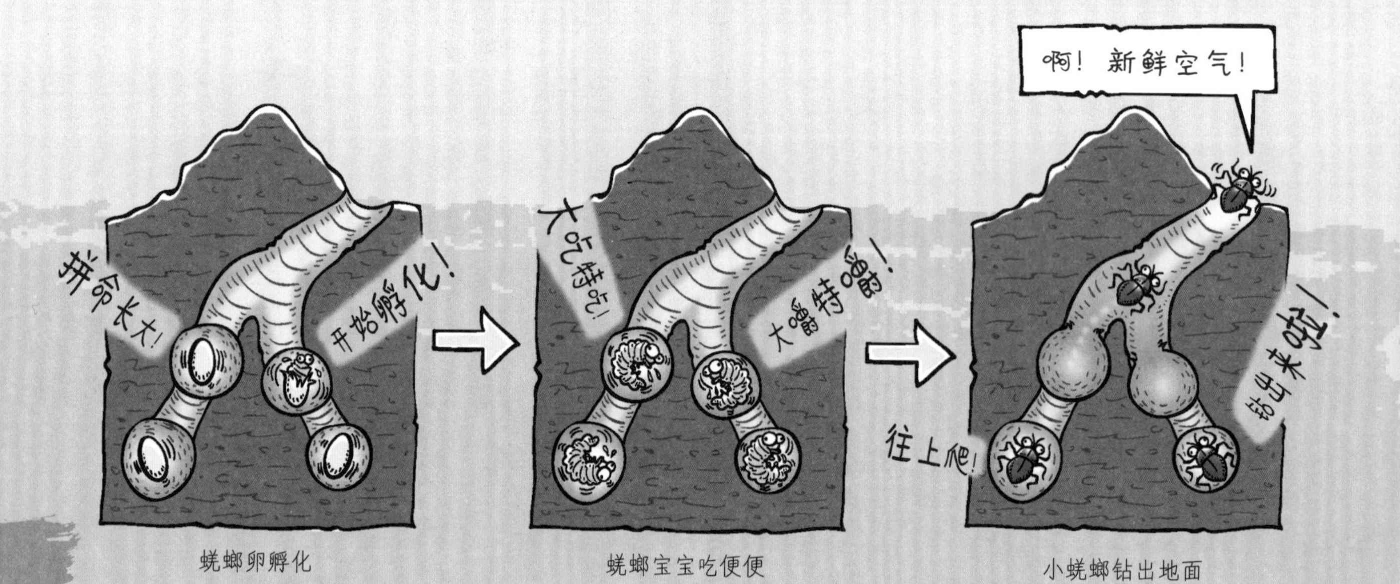

蜣螂卵孵化　　蜣螂宝宝吃便便　　小蜣螂钻出地面

因为蜣螂有这种奇特的喜好——滚便便，所以世界各地都有关于它们的传说：

在南非，人们认为地球是由一只蜣螂从海底滚出来的。南美洲的查科人甚至认为，人类也是由一只大蜣螂用黏土创造的！

信不信由你

古埃及人觉得，太阳每天东升西落，都是由蜣螂推动的！

埃及卡纳克神庙中的铭文

便便之最

什么动物的便便大到泳池都装不下？什么动物的便便臭到让人受不了？快来看看这些疯狂的便便吧！

最大的便便

蓝鲸每天要吃大约3.6吨食物。吃得多就拉得多，它们的便便也是世界上最大的。瞧，蓝鲸一次排出的便便轻轻松松就能装满一个泳池！

最臭的便便

把榴梿当饭吃的猩猩，能拉出世界上最臭的便便（要知道，榴梿闻起来就已经很像便便了）。

铛铛！科普时间到

蓝鲸的便便为什么是橘红色的？

蓝鲸的主要食物是磷虾。磷虾体内有一种红色的化学物质，叫虾青素。虾青素进入蓝鲸体内，就会把蓝鲸的便便染成橘红色。

能不拉，就不拉

三趾树懒行动极为缓慢，每秒最快只能移动6厘米。它们几乎终生生活在树上。可是，每次便便的时候，它们却要不辞辛苦地从树上爬到地面。所以，即使每周只拉一次，对于三趾树懒来说也很不容易。

最劲爆的便便

弄蝶的幼虫可以把便便射到1.5米高的空中——这相当于你站在地面，便便可以直射纳尔逊纪念碑*的碑顶！

*纳尔逊纪念碑：位于伦敦，高达53米。

好吃的便便

一般来说，便便被拉出来以后就没什么营养了。不过嘛……有时候仅剩的一点营养也够吃一顿了。

自己的便便真好吃

知道兔子和大象有什么共同点吗？它们都会吃自己的便便！兔子会把由食物转化成的便便拉在洞里，直接吃掉。吃下去的便便经再次消化形成的便便，兔子才会拉到洞外。

别人的便便也好吃

有些小个子的家伙会吃其他动物的便便。比如，老鼠喜欢在便便里寻找食物残渣，很多蚂蚁会吃鸟的便便，而苍蝇最喜欢在便便里钻来钻去了——它们谁的便便都喜欢。

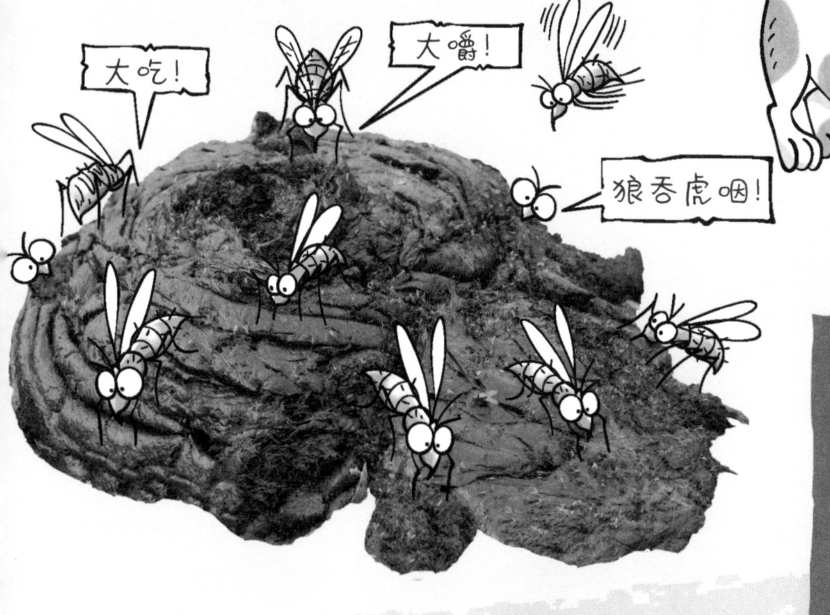

信不信由你

狗狗们也常常吃掉自己的便便，没人知道究竟是为什么！

铛铛！科普时间到

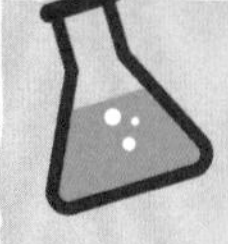

能治病的便便

有些动物吃便便是为了治病。

拿小犀牛来说吧，它们会吃掉大犀牛的便便，帮自己补充需要的细菌。你想告诉小犀牛吃便便很恶心吗？嗯……祝你好运！

等这些细菌在小犀牛的身体里安好家，小犀牛就不再吃便便啦。

搭“便”车

有些东西不会被动物消化。它们只在动物的肚子里旅行一圈（通常需要一天左右），然后就会和便便一起被排出体外。

正在吃水果的动物们

很多水果就是用这种方法传播种子的——被拉在哪里，就长在哪里。有些种子甚至直接在便便上发芽，因为便便里有它们需要的营养。

❶ 这只金刚鹦鹉正在吃果子。
❷ 拉出来的便便里有果子的种子。
❸ 便便里的种子生根发芽。
❹ 又有新果子可以吃啦！

像熊、鹦鹉这些吃水果的动物，它们会把水果种子和便便一起带到世界各处，让种子们在更远的地方生根发芽。

铛铛！科普时间到

大旅行家

科学研究发现，狗狗总是能把便便拉在一条南北向的直线上。它们的身体里仿佛藏着指南针——这大概就是狗狗长途旅行却不迷路的原因吧。

噗！

信不信由你

很多荒岛上都有美丽的白色沙滩，这些白色的沙子其实大多是鹦嘴鱼的便便形成的。鹦嘴鱼喜欢啃食珊瑚礁。珊瑚礁在它们体内消化分解，被拉出来后就变成了白沙。

便便有讲究

有些动物想在哪儿便便就在哪儿便便，还有些动物一定要在固定的地方便便。它们各有各的讲究，各有各的原因。

狐猴喜欢一起便便，它们在便便的时候交朋友。

北极环颈旅鼠躲在地下便便，这样就可以躲避天敌的偷袭。

猫鼬、土狼和欧洲狗獾用便便来标记自己的领地。

便便“狗仔队”

对有些动物来说，便便的地方就是发消息的地方。别的动物通过这些便便，就能知道便便主人的各种事情。比如，这块便便是谁的？拉在这里多久了？它的主人吃过什么东西，有没有生病？甚至还能知道它的主人想不想找对象呢。犀牛就是一种超爱用便便发消息的动物。它们经常在便便上踩来踩去，翻找新消息。

今天早上来过一头大象，它闹肚子了……
说来听听，我刚开始看！

便便里的新闻

铛铛！科普时间到

便便里的信息

便便怎么传递信息呢？当然是通过气味啦。

就拿小狗来说吧，它们的鼻子特别灵敏。要是小狗的眼睛能和鼻子一样厉害，它们就能看到 4,800 千米远的地方了（想想看，我们人类只能看 0.5 千米远）。一条小狗可以从臭烘烘的便便里闻出各种信息，比如，便便的主人是谁，它的身体状况如何。

便便障眼法

小动物经常在天敌靠近之前，就先闻到它们的气味了。但是对于捕猎者来说，也有一个有效的“反侦察”手段——

找一堆臭气熏天的便便，跳进去打几个滚。

绝妙的伪装

在便便里打滚，可以让便便的气味盖住自己的气味。所以一有机会，狼、豺和狮子等捕猎者就会在其他动物的便便里打几个滚。

嘿嘿嘿！我的小兔子晚餐，这下你闻不到我了吧！

家里养的小狗可能也会这么干，原因和前面一样。所有的狗都是由狼驯化来的，不管该不该在便便里打滚，这种行为都已经印在它们的脑子里了。

铛铛！科普时间到

为什么便便是臭的？

因为有细菌。动物的肠道里有很多细菌，它们负责分解食物。有时候，这些细菌会产生含硫的化学物质。就是这种东西，让便便闻起来臭臭的。

其实也有不臭的便便，据说大象的便便就挺好闻的。

伪装成便便

有些动物经过进化，自己看上去就像块便便。要是不想被吃掉，这可真是个好主意。不管怎么说，没有几个捕猎者看到便便还会想："好吃的！开饭了！"

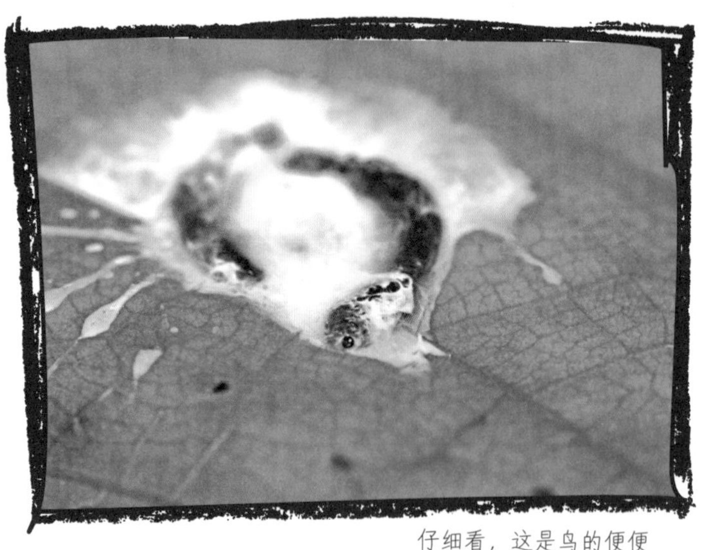

仔细看，这是鸟的便便

装成便便的蜘蛛

伪装成便便在蜘蛛界特别流行，菱角蛛就是几个最有名的伪装者之一，它甚至有个别名叫鸟粪蛛！当菱角蛛把腿缩起来时，看上去完全是一摊鸟粪——颜色发亮，中间还有深色的小点。

假装成鸟粪的白色蜘蛛

仔细看，这是鸟粪样蟹蛛

真恶心！
不是我拉的！
爬这么久，我腿都快断了——要是我有腿的话……

装成便便的虫子

当一条小毛虫真是太难了，几乎所有的动物都想吃掉它，特别是那些可怕的鸟儿。不过总督蝶毛虫找到了一个好办法——伪装成鸟儿的便便，这样就不会被鸟儿当饭吃掉啦。

凤尾蝶毛虫伪装成鸟的便便

信不信由你

蛇非常爱干净，宠物蛇更是会想尽一切办法不在自己住的地方便便。有些人会专门训练蛇去外面“解决”，蛇要便便的时候把它拿出去，便便完了再让它自己爬回来。

便便有妙用

便便不仅对动物有用，几百年来，人类也发明了各种各样的便便的使用方法。

便便当柴烧

有些动物的便便晒干后可以燃烧。这对树木稀少地区的人们来说，真是帮了大忙。比如在喜马拉雅山区，晒干的牦牛便便就特别受欢迎。

印度瓦拉纳西的居民正在晾晒牛粪

便便盖房子

在中世纪的欧洲，人们有时候会用牛的便便盖房子。这样的房子有的现在还能看到。而在亚洲和非洲，有些地方盖房子时仍然会用到便便。

把牛的便便晒干后，就可以用来砌墙了

动物也会用便便盖房子。非洲的蛇鹫就特别喜欢用斑马的便便来建造巢穴。

信不信由你

在法国，人们相信，如果左脚踩到了狗的便便就会交好运；但如果是右脚踩到了，那你可能要倒霉了。

还有一些地方的人们相信，鸟的便便掉在谁身上，谁就能交好运。

便便化石

便便也能成为化石。有的便便化石来自几百万年前，它们可以告诉我们很多过去的事情。

恐龙便便

恐龙便便的化石叫作粪化石。科学家们通过研究粪化石，能知道不同的恐龙喜欢吃什么食物。

瞧瞧下面这个例子：

霸王龙，你今天吃什么啦？
科学家找到了一块霸王龙的粪化石。
这块化石里，有几块三角龙的肋骨。
看，肋骨上有霸王龙的牙印。
原来，霸王龙那天的“点心”是三角龙啊！

信不信由你

以前你可能觉得：哇，化石真稀有啊！但恐龙粪化石却有很多，英国甚至还出现过专门挖掘它们的采矿行业呢。

恐龙粪化石富含磷酸盐，磷酸盐又可以用来制造弹药。在第一次世界大战期间，英国人找不到足够的原料生产磷酸盐，就干脆挖起了恐龙粪化石。

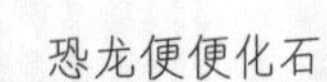

恐龙便便化石

第一次世界大战中使用弹药的士兵

19世纪80年代挖掘粪化石的工人们

便便内幕大公开

谁拉便便最频繁?

兔子每天能拉大约500块便便，差不多1个小时要拉20块！鹅大概每10分钟就会拉一次便便。

谁用便便来“洗手”?

科学家推测，秃鹫的便便能杀菌。所以，秃鹫会把便便拉在自己的爪子上，来杀死爪子上因抓腐尸而形成的有害细菌。

谁的便便奇形怪状?

袋熊用方方正正的便便画地盘，这样就不用担心便便滚跑了！

陆地上谁的便便最重?

大象每天要拉大约50千克便便。

谁最不经常拉便便?

熊开始冬眠以后，会在身体里形成一个由便便和毛发组成的“塞子”。直到春天醒来之前，它们都不会再拉便便了。

你知道吗？

水　　母：一种腔肠动物。它的口是消化腔与外界相通的唯一孔道，也就是说，水母吃东西用口，排泄也用口。

发　　酵：微生物将组成复杂的物质分解成简单物质的过程。发面、酿酒都是发酵的应用。

小抹香鲸：小抹香鲸体形似鼠豚类，体长约 3.4 米。它并不是幼年抹香鲸，而是抹香鲸的一个体形较小的品种，就好像小熊猫并不是大熊猫的幼体一样。

磷　　虾：体形像虾，身上有发光器。它们生活在海洋里，是浮游动物。

三趾树懒：三趾树懒是世界上行动最缓慢的动物之一，每秒钟最快也只能移动 6 厘米。因为生活环境潮湿，三趾树懒的身上长有藻类、真菌、飞蛾等多种生物。在地面便便时，三趾树懒身上的飞蛾刚好可以在便便中产卵。孵化出来的飞蛾幼虫接着以三趾树懒的粪便为食，而飞蛾的尸体能被真菌分解成促进三趾树懒身上藻类生长的物质。这些藻类又是三趾树懒的食物来源之一。

化　　石：由于自然作用而保存于地层中的古生物的遗体、遗迹等的统称。动物化石较为常见的有骨骼化石、牙齿化石和蛋化石。

答案（第4页）

Picture credits: Ajay PTP/Shutterstock: 26t.alybaba/Shutterstock: 8t.Aaron Amat/Shutterstock: 21tr.By/Shutterstock: 21tl.Rafal Chicawa/Shutterstock: 26b.pan demin/Shutterstock: 6t.Celso Diniz/Shutterstock: 18t.Dmitry design/Shutterstock: 25b.Dennis W Donahue/Shutterstock: 27t. elbud/Shutterstock: 21b. emka74/Shutterstock: 4bc, 16tl, 32tc. Steve Estvanik/Shutterstock: 27c.Everett Historical/Shutterstock: 29bl.Jozsef Szasz-Fabian/Shutterstock: 4br, 7tl, 32tr.FLPA/FLPA: 10.Tyler Fox/Shutterstock: 25t.David Gallaher/Shutterstock: 23b.Andrey Gudkov/Shutterstock: 11br. Horus2017/Shutterstock: 4bl, 7tcr, 32tl. Eric Isselee/Shutterstock: 7b, 15b, 17b.Kokhanchikov/Shutterstock: 13b.A V Kost/Shutterstock: 19b. Sarin Kunthong/Shutterstock: 24t.Erik Lam/Shutterstock: 23t.leisuretime70/Shutterstock: 4bcr, 32 tcr. James Martin: 4bcl, 7tr, 32tcl.W Scott McGill/Shutterstock: 28t.Milles Studio/Shutterstock: 9c.natchapohn/Shutterstock: 15c.Erwin Niemand/Shutterstock: 20b.Natalia Paklina/Shutterstock: 20tr.PK.Phuket studio/Shutterstock: 17c.Poozeum/Wikimedia Commons: 29cl.Tinus Potgieter/Shutterstock: 13t.Michael Potter 11/Shutterstock: 12t.Dan Quinsey/Wikimedia Commons: 29cr.Rasika108/Shutterstock:27b.Romas_Photo/Shutterstock: 14b. Simon Shim/Shutterstock: 24br. sirtravelalot/Shutterstock: 18c.sitayi/Shutterstock: 22c.Yulia Sonsedska/Shutterstock: 16tr.Studiovin/Shutterstock: 4tr.Super Prin/Shutterstock: 11t. Andrew Sutton/Shutterstock: 14t.trubavin/Shutterstock: 9b.Vita Serendipity/Shutterstock: 11bl.Wikimedia Commons: 29br.wildestanimal/Shutterstock: 8b.Ton Witsarut/Shutterstock: 4bccl, 7tcl, 32tccl.Anke van Wyk/Shutterstock: 3b, 4tl, 16b. YoOnSpy/Shutterstock: 24bl.

动物屎尿屁小百科
厉害了！尿
[英] 保罗 · 梅森 / 著 [英] 托尼 · 德 · 索莱斯 / 绘 张蘅 / 译
海豚出版社
DOLPHIN BOOKS
CICG
中国国际传播集团

图书在版编目（CIP）数据

动物屎尿屁小百科．厉害了！尿 /（英）保罗·梅森著；（英）托尼·德·索莱斯绘；张蘅译．-- 北京：海豚出版社，2022.6（2024.8重印）
ISBN 978-7-5110-5949-9

Ⅰ．①动… Ⅱ．①保… ②托… ③张… Ⅲ．①动物－儿童读物 Ⅳ．①Q95-49

中国版本图书馆CIP数据核字(2022)第059275号

著作权合同登记号：图字01-2022-1187

动物屎尿屁小百科：厉害了！尿
[英]保罗·梅森/著 [英]托尼·德·索莱斯/绘 张蘅/译

出 版 人：王 磊
责任编辑：张 镛 潘金月
特约编辑：田 颖
封面设计：申海风
责任印制：于浩杰 蔡 丽
法律顾问：中咨律师事务所 殷斌律师
出　　版：海豚出版社
地　　址：北京市西城区百万庄大街24号
邮　　编：100037
电　　话：010-68325006（销售） 010-68996147（总编室）
邮　　箱：dywh@xdf.cn
印　　刷：北京永诚印刷有限公司
经　　销：新华书店及网络书店
开　　本：889毫米×1194毫米 1/20　　印　　张：4.8
字　　数：74千字　　印　　数：9001-16000
版　　次：2022年6月第1版 2024年8月第4次印刷
标准书号：ISBN 978-7-5110-5949-9　　定　　价：68.00元（全3册）

目录

千奇百怪的尿

中华鳖竟然是用嘴巴尿尿的，你能想象这个画面吗？

如此奇葩的尿尿方式，一定是全世界绝无仅有的。不过，你很快就会发现，动物们尿尿的方式要么非常有趣，要么与众不同，要么甚至令人作呕。

喷射尿液是雌性龙虾必备的求偶绝技。雄性龙虾可是彻头彻尾的好斗分子，非常难接近，因此，雌性龙虾想要发起一场约会是很困难的。

不过，雌性龙虾自有妙招。当它看上“如意郎君”后，会潜伏在雄性龙虾的洞穴附近，向洞里抛洒“求爱”尿。尿液里的化学物质就像性别信号，告诉雄性龙虾对方是一位“姑娘”。雌性龙虾的尿液还像镇静剂一样，可以让雄性龙虾在足够长的时间内保持平静，直到和雌性龙虾完成交配。

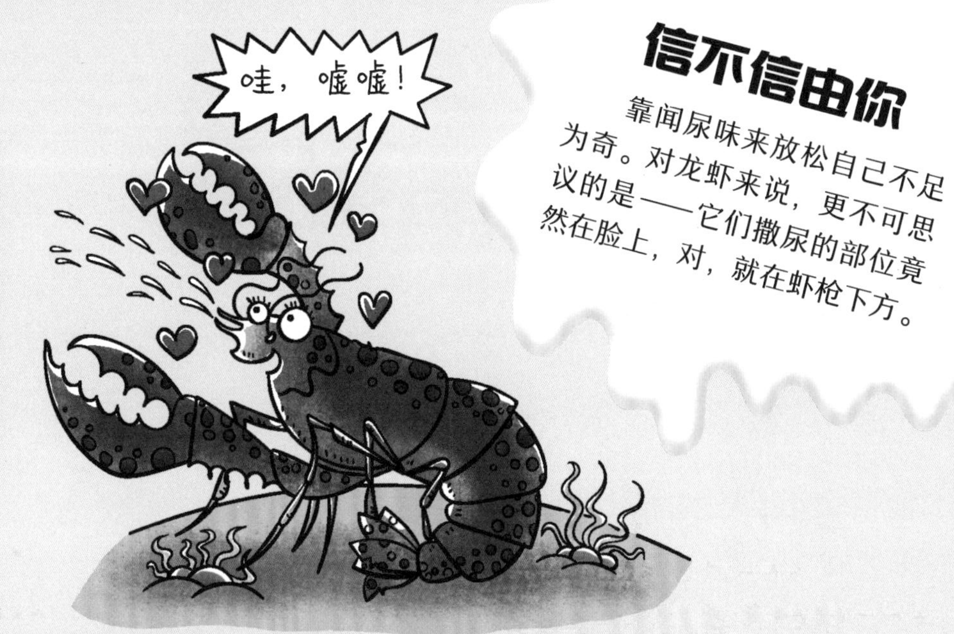

信不信由你

靠闻尿味来放松自己不足为奇。对龙虾来说，更不可思议的是——它们撒尿的部位竟然在脸上，对，就在虾枪下方。

铛铛！科普时间到

尿究竟是什么？

听听路灯柱成为狗狗厕所的故事吧：

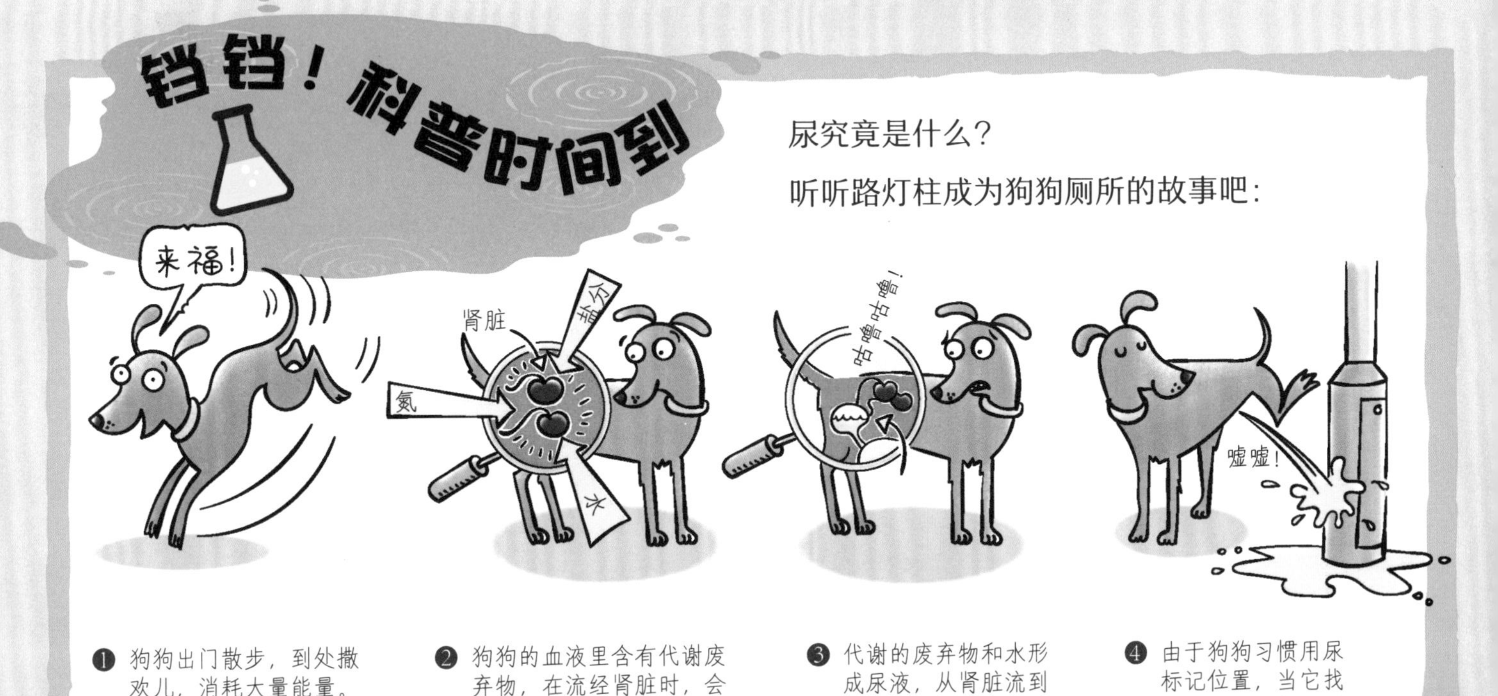

❶ 狗狗出门散步，到处撒欢儿，消耗大量能量。

❷ 狗狗的血液里含有代谢废弃物，在流经肾脏时，会过滤掉其中有毒的含氮物质、多余的盐类和水。

❸ 代谢的废弃物和水形成尿液，从肾脏流到膀胱。狗狗的膀胱渐渐被尿液填满。

❹ 由于狗狗习惯用尿标记位置，当它找到一个路灯柱，就可以“方便”啦。

动物都尿尿吗？

大部分动物都会以某种方式排泄身体里含氮的代谢物。不过，它们的代谢物不一定是大家公认的那种尿。

减负尿

有些动物需要保持身体轻盈，毕竟带着鼓鼓囊囊的肚子东奔西跑太不方便了。想想挂在蛛丝上的蜘蛛和振翅飞翔的蝴蝶，你就能体会到这一点。

蜘蛛、飞虫和鸟儿会把含氮的代谢物变成一种半干的物质，通过排泄器官排出。虽说这种物质是尿，不是便便，但和人的尿还是不太一样。可以将大小便一起解决，出行时轻装上阵，真是太棒了！

不撒尿动物名单

有些动物从不撒尿，至少在生命中的某个时期，它们可以做到这一点。这些动物是：

信不信由你

尽管蝴蝶吃流食，但却很少撒尿。相反，它们体内的液体几乎都被消化吸收了。

★睫毛螨

你能想象两周不撒尿吗？寄居在人类毛发周围的睫毛螨就能做到。这种螨虫会在有限的生命周期中，一直把代谢物储存在自己的身体里。

★蜜蜂幼虫

蜜蜂幼虫在变成成虫前，会把尿液储存在体内。

★蚜虫

蚜虫会将代谢的含氮物质储存起来，一直留到生宝宝的那一刻，然后将其注入幼虫体内！蚜虫的繁殖速度非常快，因此每个蚜虫宝宝只能分到一点点含氮物质。蚜虫的寿命很短，等生命走到终点时，它们体内的氮素又会回到土壤中。

N是氮的化学元素符号。

似尿非尿

对于人类和其他哺乳动物来说，便便和尿液的存储通道是截然不同的。因此，你可以只撒尿不拉屎，或者只拉屎不撒尿，但并非所有动物都能做到这一点。

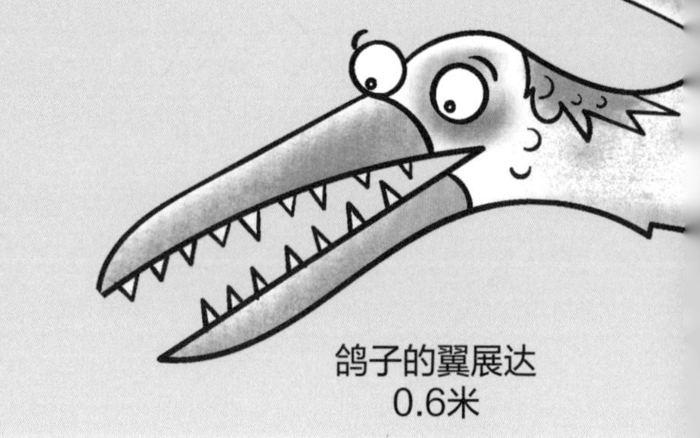

鸽子的翼展达0.6米

鸟类、两栖动物、爬行动物以及鲨鱼、鳐鱼等动物，它们的消化管和输尿管的最末端汇合，形成泄殖腔，大小便会混在一起，从这里排泄出来。

很多人以为，击中自己的是鸟粪！其实，从鸟类的泄殖腔排出来的东西更像是尿。

最大的鸟

桑氏伪齿鸟可能是历史上曾经存在的最大的飞鸟，翼展长达7米多，可想而知，它的排泄物也是重量级的。当它打开泄殖腔的时候，你可千万要躲开啊。不过，这种鸟早在2,500万年前就灭绝了，不用太担心！

桑氏伪齿鸟
的翼展达7.4米

鸟粪面膜

说起鸟粪，大部分人会避之不及。可是，有些明星却将日本夜莺的便便视若珍宝，对其中含有的生物酶十分推崇。

日本夜莺

据说鸟粪能使肌肤保持健康，这种说法流传了几百年！显然，是其中的尿液具有保湿功能。

后来，夜莺的排泄物经过消毒、除臭被研制成一种粉末，与其他原料混合在一起，制作成面膜。

大海里满是鱼尿吗？

鱼儿离不开水，因此大海是它们唯一的小便池。这是不是说明海水里满是鱼尿呢？

事实上并非如此——大部分鱼会通过鳃来排尿，当它们的尿液进入海水后，会被分解，其中的化学物质会分散开来。其实，你有所不知，鱼尿可是好东西呢……

铛铛！科普时间到

鱼尿对大海有什么好处？
珊瑚礁里的小丑鱼会告诉我们答案：

1. 小丑鱼在海葵布满倒刺的触手里安家落户。它天生对倒刺上的毒素免疫，因此可以自由自在地穿梭。

2. 小丑鱼一边游动，一边通过鳃撒尿，尿液就这样混合在海水里。

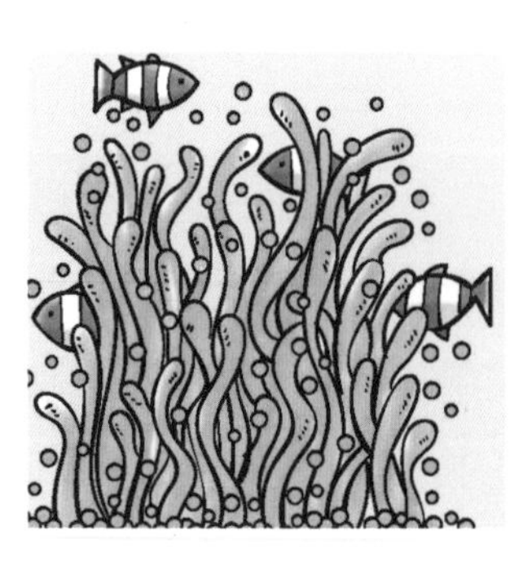

3. 尿液中的化学物质磷和铵会沉积在珊瑚礁上。

4. 这些物质有利于珊瑚虫的存活和生长，因而可以说是鱼尿让珊瑚礁变得更牢固。

捕鱼、鱼尿和珊瑚礁

珊瑚礁里的鱼被渔民大量捕捞后，在海里撒尿的鱼变少了，导致珊瑚礁逐渐呈现亚健康状态。鱼越多，鱼尿越多，生态环境才能越健康。因此，鱼尿可是保证海草草甸和海中森林健康的重要因素。

海马将尿液存储在小尿囊里，然后排入海中。

世界上最咸的尿？

鲸和海豚等海洋哺乳动物会从自己吞食的鱼肉中摄取一些水分，同时也会吞入大量海水。海水中过量的盐对身体有害，所以必须排出体外。它们利用肾脏过滤这些海水，将盐转移到膀胱，再随尿液排出。可想而知，它们的尿是要多咸有多咸！

惊人的尿量

鲸是最大的海洋动物，也是尿尿大王。最大的鲸每24小时产生的尿量约为1,000升。

信不信由你

体形较大的长须鲸可长达27米，重达70吨，每24小时能产生约970升尿液。

叮！你有一封尿液邮件！

狗狗的嗅觉细胞数量是人类的40倍。

许多动物利用尿液，至少是尿液的气味来传递信息。这不是电子邮件，这是“尿液邮件”。

大部分人是无法从别人的尿液中获取信息的，因为我们什么都闻不出来。可是，很多动物的嗅觉就比人类灵敏得多。

狗狗的嗅觉有多强？

科学家研究发现，狗狗的嗅觉灵敏度是人类的1,000~10,000倍。而且，狗狗的嗅觉比它们的听觉和视觉强多了。

狗狗能从同伴的尿液中获取各种信息：

标记领地

很多动物都喜欢在自己领地的周围撒尿，以此作为标记。科学家认为，它们是想用尿味警示其他动物："这里是我的地盘，外人禁止入内。"像郊狼、老虎、海狸、家鼠、田鼠、狐狸、猫和狗都会这么做。

家人动向

白足鼬狐猴习惯和整个家族群居在一起，它们晚上是各吃各的，白天独自在树上睡觉。它们靠什么来掌握家人的行踪呢？答案是尿。虽然一家老小撒尿的时间不同，但撒尿的地点挨得很近。它们只要深呼吸，嗅一嗅，就能了解每位家庭成员的最新动向。

信不信由你

狗尿中的化学物质尿酸对金属具有一定的腐蚀作用。2003 年，克罗地亚有一批路灯柱意外倒塌，罪魁祸首居然是往路灯柱上尿尿的狗。

撒尿时间

当你被尿憋急了，比如清早刚起床时，你知道撒完这次尿要多久吗？因为人类是哺乳动物，所以这道题的答案是21秒左右。

在膀胱充满尿液时，几乎所有哺乳动物尿完的时间都差不多，只有极个别小不点儿除外。

非洲象	大丹犬	宠物猫
膀胱容积：18升 小便时间：21秒	膀胱容积：1.5升 小便时间：24秒	膀胱容积：50毫升 小便时间：21秒

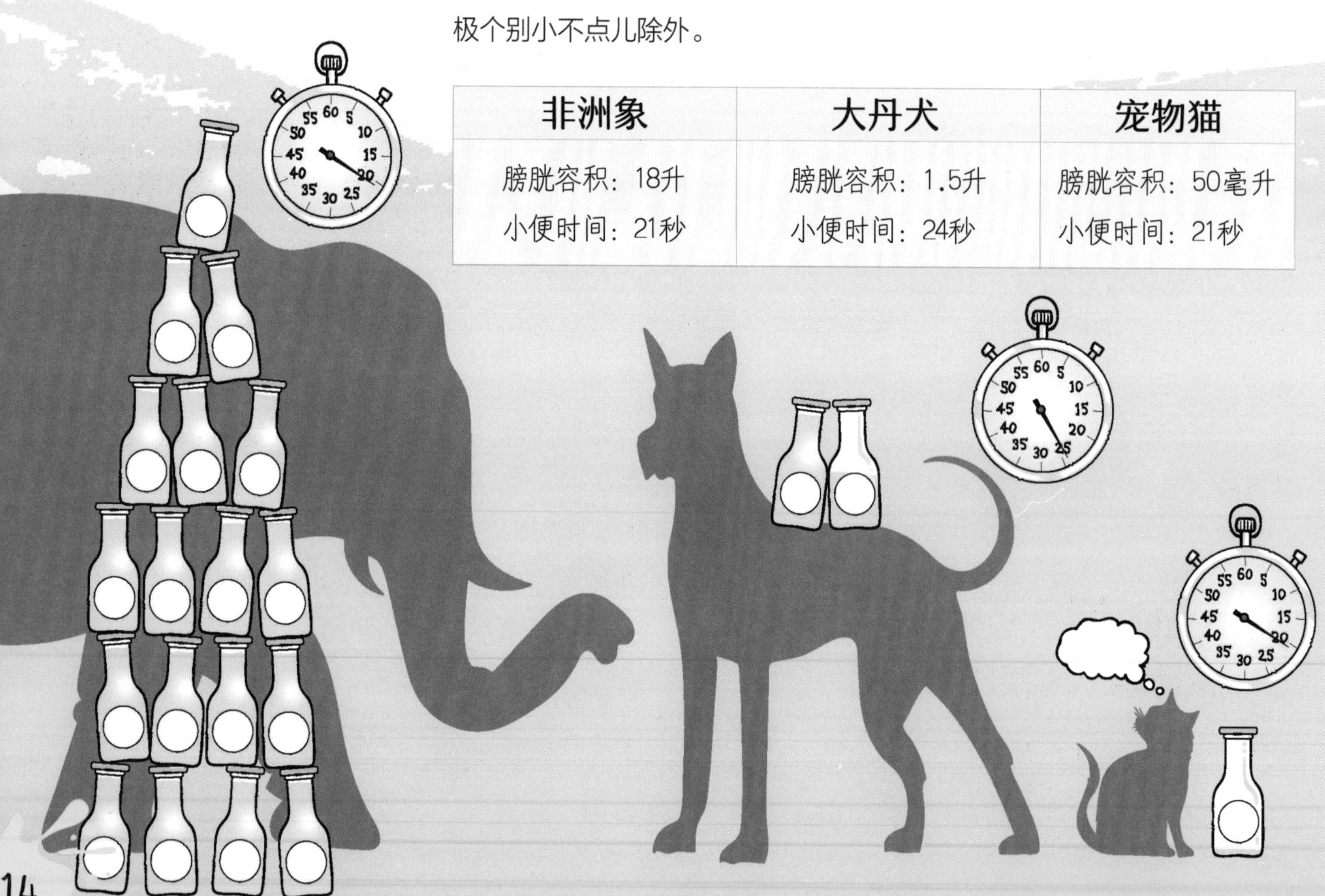

非洲象的一泡尿有18升，而猫的一泡尿只有一小勺那么多，为什么它们排尿的时间却相差无几呢？

这与尿道的长短和粗细有关。尿道是从膀胱通往体外的通道。尿道越粗，流经的尿液越多。好比宽广的河流和窄小的溪流，前者的流量肯定比后者大得多。同样的道理，尿道越长，受重力的影响越大，尿液的流速也就越快。

涓涓细流

“排尿21秒定律”并非适用于所有哺乳动物。体重不足3千克的小不点儿们是无法把尿液集中起来的，它们的尿要么往外一滋，要么一丁点一丁点地往外滴答。这是因为它们的膀胱小，所以能够储存的尿也少。而且，它们撒尿还必须得速战速决，因为如果停留的时间超过20秒，天敌就有可能来吃它们！

老鼠恶心术大盘点

老鼠有太多让人觉得恶心的习性。第一个就是它们竟然会在自己的食物上撒尿！

不会吐，就用尿标记

老鼠为什么会在食物上尿尿？因为它们不会呕吐。如果老鼠吞食了有毒的东西，身体是无法排毒的。因此，一旦老鼠确定了某种食物无毒，就会往上面撒尿做标记，就像打"食品安全码"一样！当其他老鼠闻到尿味，就知道有诱人的美味了。

信不信由你

雌鼠通过尿味来选择男友。它们只要稍微闻一闻雄鼠的尿液，立马就能分辨出它是镇上最健壮的硬汉，还是最软弱、打架永远打不赢的"病秧子"。

老鼠关系网

老鼠到处撒尿，可还是不满足。当出现以下情况时，它们还会在其他老鼠身上撒尿：

1. 雌鼠会在愿意交往的雄鼠身上撒尿，方便以后还能认出它。
2. 最强健的雄鼠会在不太强健的雄鼠身上撒尿。
3. 不太强健的雄鼠会小心翼翼地在最强健的雄鼠身上撒尿。
4. 幼鼠会在成年雄鼠身上撒尿，这一招似乎能制止成年雄鼠的攻击，真有些不可思议！

尿液导航仪

如果老鼠喜欢某样东西或者某个地方，就会留下几滴尿。科学家发现，老鼠利用尿味来导航，就像《格林童话》中《糖果屋历险记》里的韩塞尔和葛雷特，在森林里撒下白色鹅卵石当路标一样。

以尿制敌

在人类社会，要是有谁敢往别人身上撒尿，肯定会引发一场纠纷。在动物界当然也是如此。

鱼族斗士

当斗鱼发现潜在的对手后，会撒尿宣战。双方会根据尿味判断对方的个头儿和力量，如果有一方嗅出自己的实力处于下风，通常会乖乖溜走。如果双方都不肯认输，就会再撒点尿，确保对方收到了“战书”。最后，所谓的战斗很可能就变成了撒尿比赛，只有个头儿差不多的斗鱼才会真正交手。

兔子大战

兔子的尿很特别，气味浓烈，有很多用处。它不仅能用来标记领地，还是示爱神器。如果雄兔遇到心仪的雌兔，就会往雌兔身上撒尿。另外，尿也是兔子的作战利器。当两只雄兔准备开打时，会往对方的脸上撒尿。如果双方互不相让，就不再撒尿，而是开始拳脚对决，飞腿踢踹对方。

求饶的狗狗

有时候，狗狗撒尿是一种示弱的表现。当处于弱势的狗遇到厉害的狗时，会把目光移开，蹲下来撒几滴尿，好像是在说：“你是老大，我惹不起。”

信不信由你

啮齿动物的尿液能在黑暗中发出荧光。在特制的紫外线手电筒的照射下，可以看到每一处尿迹都发出蓝白色或黄白色的光。

可怕的仓鼠

如果说有一样东西会激怒雄仓鼠，那一定是另一只雄仓鼠的尿味。当雄仓鼠嗅到这股味道，就会立即发起攻击。战斗以双方的尖叫为前奏，开战后，它们会向对方喷射气味浓烈的小便。

在尿里穿行

大多数人宁可绕远路，也不愿意在尿里行走，尤其是光着脚丫子的时候。可有的动物却偏偏反着干。

熊狸的爆米花尿

熊狸别名熊灵猫，但它既不是熊，也不是猫。它是生活在东南亚的一种哺乳动物，看起来有点像黄鼠狼。

熊狸在撒尿时，会把尿淋到脚丫子和毛茸茸的尾巴上。它的尿液含有一种特殊的化学物质，叫2-乙酰基-1-吡咯啉，即2-AP。正是这种物质让玉米粒在高温中散发出令人垂涎欲滴的香味。也就是说，熊狸被尿淋过的脚和我们喜欢的爆米花是一个味道！

爱闻尿味的有蹄类动物

有蹄类动物泛指牛、羊、驼鹿、野牛等以植物为食且长有蹄子的动物。它们大多喜欢做下面两件事:

1. 往自己腿上撒尿。
2. 往泥里撒尿，再在泥浆里打滚儿。等泥巴干了粘在身上，散发的味道真是无敌!

喂，只准撒尿，不许拉屎!
对不起!

科学家认为，动物把自己弄得一身尿味，是为了展示自己的力量。如果尿味重，则说明它们身体健壮，其他动物嗅一下就会甘拜下风呢。

种马喜欢到处撒尿，也是出于同样的目的。但是，它们是在马群的粪堆上撒尿，而不是尿在自己身上。

快逃，小伙子们!一闻气味就知道，这里很危险!
太帅了!
致敬!

尿去哪儿了？

再见了，
我的尿！

有些动物生活在非常干燥的地区。它们不喜欢随便撒尿，而是会尽量让尿液在身体里储存的时间久一点，因为说不定什么时候，就可能派上大用场。

糖浆尿液

跳鼠是一种长相怪异的沙漠动物。它属于小型啮齿动物，有着像蝙蝠一样的大耳朵、老鼠一样的头和身体，以及像小型袋鼠一样善于跳跃的腿。

跳鼠不喝水也能活下来。它们靠食物获取水分，并尽可能储存在体内。排尿前，跳鼠会通过肾脏从尿液中再次提取水分。跳鼠的尿极度浓缩，就像糖浆一样。

澳大利亚沙漠蛙

一般在沙漠里，你别想见到蛙科动物。然而，澳大利亚的沙漠中却生活着数量惊人的蛙科动物。它们在地下打洞，等待下雨。它们会把喝下去的雨水储存在体内，因此膀胱里会充盈着大量的尿液。

信不信由你

据说，沙漠中口干舌燥的旅行者会从沙子里刨出沙漠蛙，挤出它们身体里的水分来解渴。

沙漠陆龟

莫哈韦沙漠陆龟也喜欢储存尿液。在雨天，沙漠陆龟会在水坑里痛饮一番。喝进去的水会变成尿液储存在膀胱里，重量可达体重的一半。即使很多天滴水不进，它们也能活下来。

当受到威胁时，沙漠陆龟会排空膀胱里的尿。所以，如果你遇到一只沙漠陆龟，可千万别把它拿起来！

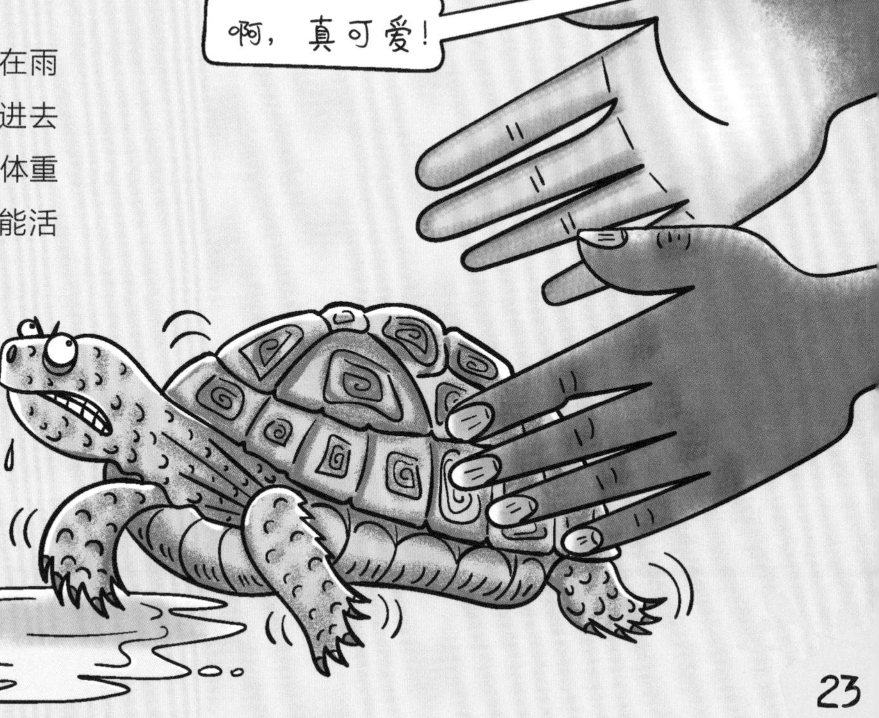

尿液清洁剂

千百年来，人类充分地利用了尿的作用。他们有时利用动物尿，有时也利用人尿。

信不信由你

古罗马人不仅用尿洗衣服，甚至还用尿来美白牙齿。

衣物清洁

在有些地方，人们至今仍会在制造皮革时用到尿。一些动物的尿液里含有能软化动物皮毛的化学物质，使动物皮毛更容易缝制，穿起来更舒适。

尿液中所含有的一些成分具有去污作用，因而在过去被当作洗涤液。被稀释的尿液装在一个个大桶里，洗衣工用脚在桶里踩一堆脏衣服，这一定是古罗马最糟糕的工作之一。

一般情况下，哺乳动物的尿液成分差不多。比如人尿和牛尿的成分就差别不大。

尿液炸弹

通过复杂的混合和蒸馏工艺，就可以从大量尿液中提取少量白磷。白磷接触空气后，会剧烈燃烧，因此属于危险品。

尿液所含的化学物质可以制造硝酸钾，这是火药的有效成分之一。

药物尿

早在古希腊时期，就有人宣称尿有保健功能。在当时的欧洲和亚洲，都曾有人把尿当作药，要么直接喝尿，要么用尿来涂抹伤口。但这些治疗方法只会让病情加重。尿在刚离开膀胱时是洁净的，一旦排出体外，就开始滋生细菌。无论是内服还是外用，都会让人生病。总之，把尿当药是非常不明智的。

右图中的这位德国炼金术士原本打算从尿液中提取黄金，却意外发现了白磷。白磷自燃的那一刻，炼金术士肯定惊呆了。

尿液能源

几千年来，人类一直在探索尿的各种妙用，时至今日，新的创意仍然层出不穷。

马尿的热能

日本的谷仓住宅是一种利用马尿提供部分热能的实验性住宅。首先，人们收集马粪，制成肥料。接着，再兑入马尿和锯末。等这种混合物在太阳下晒干后，就可以用作燃料，为屋子供暖了。

当然，邻居会抱怨有臭味！

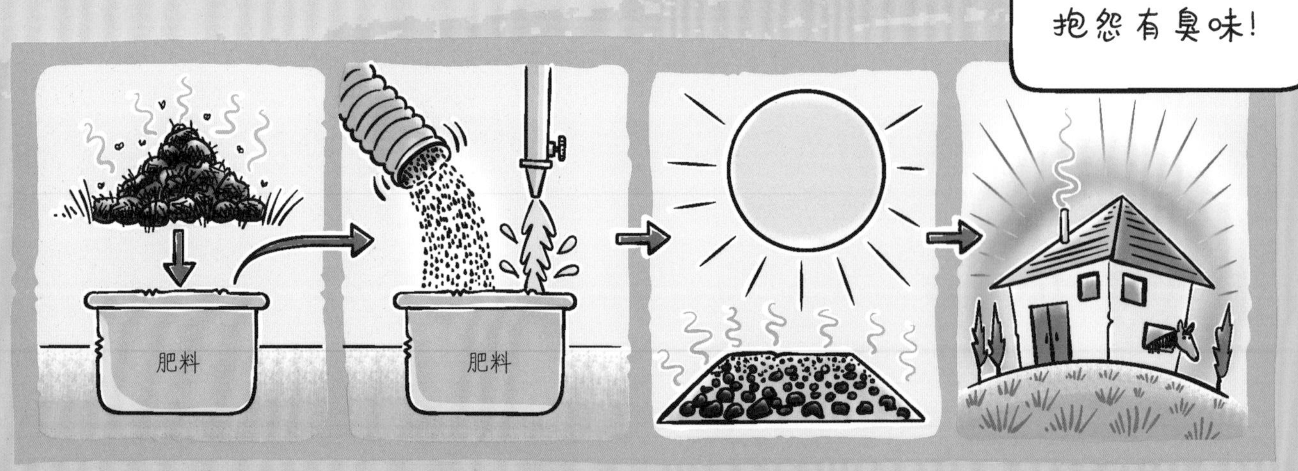

马粪变为肥料。　往马粪中兑入马尿和锯末。　混合物在太阳下晒干。　为房屋供暖。

用尿充电的手机

在英国的布里斯托尔市，科学家发现一种用尿液发电的方法。这种尿液发电系统利用了一种很喜欢尿液的微生物，它们在尿液中大吃特吃的同时，会产生少量的电能。2013年，科学家第一次成功地将这些电能收集起来，为一部手机充满了电。或许这是所谓的尿液电池？

可燃尿

在尼日利亚，4名女学生发明了一种将尿液转化为燃料的装置。它的工作原理是先把氢气从尿液中分解出来，再进行提纯，然后作为燃料为发电机供能。1升尿液能转化出可供使用6小时的能量。

牛尿杀虫剂

在印度，牛尿被用作杀虫剂。那里的农民是这样给庄稼除虫的——在化学物质被细菌分解后的尿液中，加入昆虫不喜欢的特殊叶子，然后将混合物喷洒到庄稼上。此外，尿液中的氮还能让土地变得更加肥沃。

尿尿怪事多

关于尿有很多奇闻怪事。至于是谎言还是真相，大家听一听吧。

尿液能缓解水母蜇伤

在世界各地，人们都说被水母蜇伤之后，可以向伤口上撒尿止疼。别信！这种做法不但不可取，还可能适得其反，使附着在皮肤上的水母打开刺丝，释放出更多毒素。最好的办法是用海水清洗伤口。

在伦敦、纽约和巴黎，树离开狗尿可不行

据说，在很多城市，多亏了狗尿的滋养，树才没有枯死。其实情况并非如此。树主要靠树根来吸收水分，而不是靠树皮。树皮上的那点狗尿帮不上什么忙。实际上，有些科学家还认为狗尿中的化学物质可能对树木，尤其是树苗有害。

一切会好的，
我会好的，会好……

只有公猫才喷尿

喷尿是指猫咪随地小便——墙、沙发、床、地毯、要洗的衣服，都被它们“祸害”过，其实它们只是想制造尿臊味。很多人以为只有公猫才会乱尿，其实这是个误会。当猫心神不宁的时候，就会通过喷尿来增加安全感。公猫和母猫都会有心神不宁的时候，所以都会喷尿。

想抓青蛙？小心它撒尿！

青蛙的确经常会这么做。它们就是想让你把它们放下来，然后趁机逃走。有些青蛙的尿非常难闻，味道也很恶心，这是为了让捕食者尽快把它们吐出来。

我可是说过
不要动我的！
怨不得我吧？

尿的内幕大公开

老鼠的尿很少吗?

12只老鼠一天排的尿可以装满一茶匙。

骆驼的尿很多吗?

据说，骆驼可以用驼峰储存水，但事实并非如此。和其他动物的尿相比，骆驼尿的水分少得多，所以像海水一样咸。骆驼往往会把尿撒在腿上，给自己降温。

谁利用尿液来伪装?

西伯利亚花栗鼠爱往身上涂蛇尿，这是一种伪装手段。

驯鹿为什么会喝尿?

驯鹿喝尿是因为尿液中含有盐。驯鹿生活在北方，那里的盐很稀缺。养驯鹿的牧民有一个集结驯鹿群的绝招——撒尿。驯鹿一闻到尿味，就会跑来集合。

熊为什么会舔尿?

冬天，小熊崽在洞穴里出生，直到开春后才出洞。小熊崽进食时，熊妈妈会把它们的尿液舔干净，保持洞内清洁。

尿尿还能怎么说?

尿尿的说法很多。科学术语是排尿，此外还可以说泌尿、撒尿、小便等。

你知道吗？

尿　　：人和动物体内，由肾脏产生，从尿道排泄出来的液体。

触　角：昆虫、软体动物或甲壳类动物头上的感觉器官，可以用来感知周围的世界。一般呈丝状，也叫触须。

膀　胱：人和高等动物体内储存尿的器官，呈囊状。尿液装满膀胱后，会被排出体外。

氮　　：土壤、空气和水中所含的一种化学物质，无色无味。氮在空气中约占4/5，是植物营养的重要成分之一。

消　化：人和动物从所吃的食物中获得身体所需的过程。

哺乳动物：最高等的脊椎动物，基本特点是靠母体的乳汁哺育初生幼体。

面　膜：暂时涂抹或敷在面部的美容护肤用品。

鳃　　：鱼或两栖动物的器官之一，能从水中分离氧气。

尿　道：把尿输出体外的管道，从膀胱通向体外。

啮齿动物：哺乳动物中数量最多的家族，长有一对专门用于咬食的门齿，有田鼠、家鼠、豪猪、仓鼠和松鼠等。

种　马：给母马配种的公马。

火　药：颗粒状的黑色或灰色物质，点燃后会爆炸，并释放出能量。

白　磷：一种化学物质，在黑暗中会发出荧光，接触空气会自燃。

细　菌：原核生物的一大类，广泛存在于土壤、水、空气、动物和植物中，对自然界物质循环起着重大作用。

肥　料：能供给养分使植物发育生长的物质。

杀虫剂：除虫或驱虫的药剂。

毒　素：蛇、蜘蛛等分泌并注入其他动物体内，可以令其生病或呕吐的有毒物质。

Picture credits:

Shutterstock: Andregric 17; Asharkyu 4t; Zvonimir Atletic 27b; Bamgraphy 7c; Beersonic 20t; Rich Carey 28br; DashaR 26t; Olga Grinblat 13c; Mikhail Holka 25b; Jiang Hongyan 18bl, 18br; Szasz-Fabian Jozsef 15b; Kalcutta 7t; Kanyapak 11t; LoopAli: 20b; MartinKSK_design 9b; Ed Phillips 7b; Saban Pumson 18t; Real Moment 29t; Reptiles4all 22; Eni Sino 19c; Studiovin 24b; Sundays Photography 12t; SuperPrin 6; Tomova 20c; USBFCO 16; E Walker 13cr; Zuzule 21b.

iStock: Marty8801 23.

动物屎尿屁小百科

厉害了！屁

[英] 保罗 · 梅森 / 著

[英] 托尼 · 德 · 索莱斯 [英] 嘉玛 · 哈斯蒂洛 / 绘

郝瑨 / 译

海豚出版社
DOLPHIN BOOKS
CICG 中国国际传播集团

图书在版编目（CIP）数据

动物屎尿屁小百科．厉害了！屁 /（英）保罗 · 梅森著；（英）托尼 · 德 · 索莱斯，（英）嘉玛 · 哈斯蒂洛绘；郝瑨译．-- 北京：海豚出版社，2022.6（2024.8重印）
ISBN 978-7-5110-5949-9

Ⅰ．①动… Ⅱ．①保… ②托… ③嘉… ④郝… Ⅲ．①动物－儿童读物 Ⅳ．①Q95-49

中国版本图书馆CIP数据核字(2022)第059272号

The Farts that Animals Parp
First published in Great Britain in 2020 by Wayland

著作权合同登记号：图字01-2022-1187

动物屎尿屁小百科：厉害了！屁
[英]保罗 · 梅森/著 [英]托尼 · 德 · 索莱斯 [英]嘉玛 · 哈斯蒂洛/绘 郝瑨/译

出 版 人：王 磊
责任编辑：张 镛 潘金月
特约编辑：田 颖
封面设计：申海风
责任印制：于浩杰 蔡 丽
法律顾问：中咨律师事务所 殷斌律师
出 版：海豚出版社
地 址：北京市西城区百万庄大街24号
邮 编：100037
电 话：010-68325006（销售） 010-68996147（总编室）
邮 箱：dywh@xdf.cn
印 刷：北京永诚印刷有限公司
经 销：新华书店及网络书店
开 本：889毫米×1194毫米 1/20 印 张：4.8
字 数：74千字 印 数：9001-16000
版 次：2022年6月第1版 2024年8月第4次印刷
标准书号：ISBN 978-7-5110-5949-9 定 价：68.00元（全3册）

目

录

欢迎走近矢气学

你的第一个问题可能是：“什么是矢（shǐ）气学？”矢气俗称屁，矢气学也就是研究屁的学问。

几千年来，动物，包括人类，都开心或不开心地放着屁。“屁梗”甚至出现在世界最古老的笑话中，你看，这是大约4,000 年前刻在苏美尔泥板上的一则笑话：

> “有一件事情自古以来从未发生：一位年轻的妇人没有在她丈夫的大腿上放过屁。”

好吧，这个笑话有点冷——不过当时的幽默可能就是这么异乎寻常。

铛铛！科普时间到

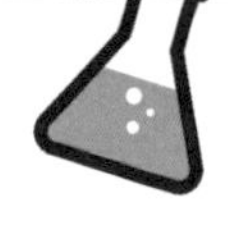

屁里有什么？

屁里含有许多种气体。每个屁里各种气体的含量不尽相同，这取决于你吃了什么。在人类的屁里，氮气的含量可达 20%~90%。硫化氢气体让屁散发出臭鸡蛋味儿，虽然在大多数人的屁里，它仅占比 1%。

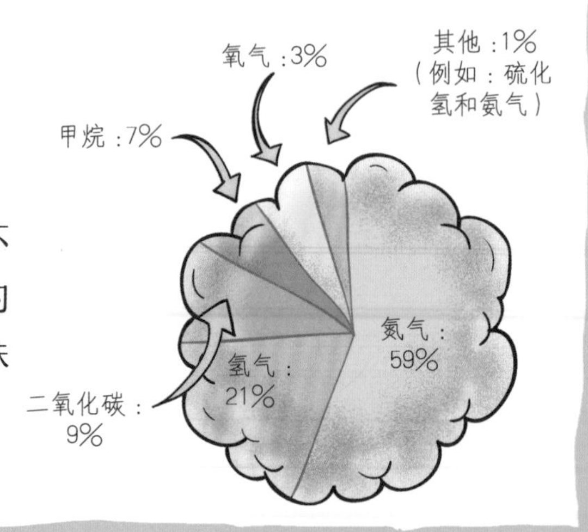

屁到底是什么？

科学家如此描述：“屁是动物在消化过程中产生的气体与空气的结合。”它是这样产生的：

1. 食物到达动物的肠道。

2. 细菌把食物分解成营养物质，然后被动物的血液吸收。

3. 其中一些细菌在工作时会产生气体。

4. 这些气体随后被释放出来——一般由动物的屁股完成。

不同语言中的屁

几乎每种语言中都有表示“屁”的词汇。以下精选了世界各地的说法——万一你在旅行时遇到有关屁的问题呢！

德语：furz

法语：pet

葡萄牙语：peido

意大利语：scoreggia

屁可能响彻天地，

也可能无声无息。

又大又响，完美！

噗！！！

小点儿声，查尔斯！

它可能臭气熏天，

也可能淡然无味。

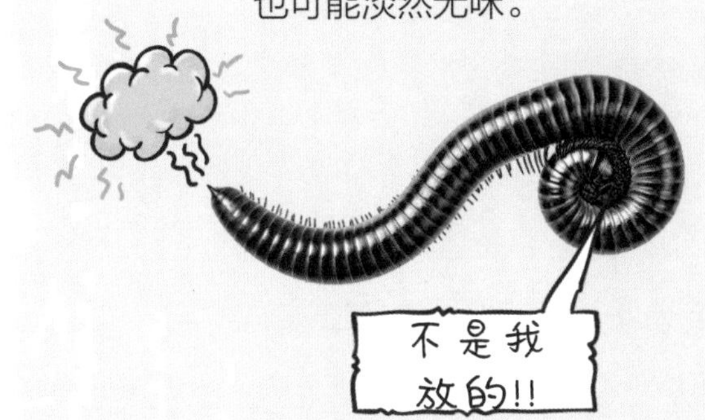

它甚至可能悄无声息，

却能一击毙命。

我家乖宝贝的屁天下无敌！

别不相信！继续往下看，来见识一下鳞蛉幼虫的夺命追魂屁吧！

动物界的大屁王

什么动物放的屁最大？这个问题可没那么容易回答。因为，这得看你所说的“大”指的是什么。

鲸会放大屁？

通常来说，体形大的动物放的屁也大。但也有例外，比如鲸虽然体形巨大，放的屁却并不是世界上最大的。你可能不信，鲸的屁只能吹起一个极小的水泡，不会弄出什么大动静。不过，鲸会通过气孔打出巨大的、腥气十足的嗝，来排放消化气体。

见识过蓝鲸打嗝的人说，它们呼出的消化气体味道令人作呕，“简直是屁和鱼腥味儿的奇葩组合”。

持久屁

河马是自然界中放屁时间最长的动物。当河马感受到威胁时，它会把屁股对准你，发出巨大的“啪啪啪”声。它还会在放屁的同时排便，并把尾巴摇得像风扇一样呼呼作响，屎花四溅。据记录，河马嘈杂的“撒屎花”时间大约可以持续 11 秒之久*。

* 要是你觉得 11 秒听起来不算长的话，请勇敢地站到正喷屎的河马身后去吧。

一只白蚁每天的甲烷排放量：
五十万分之一克

啪！

哎呀！

白蚁放的屁并不大，无奈白蚁家族“蚁”多势众。据统计，数十亿只白蚁每年排放的甲烷约占世界甲烷总量的10%，已经影响了全球气候变化！

小屁精数量多

如果“大”意味着“某一个物种产生的气体量最多”，那么这个世界上最大的屁来自最小的动物之一：白蚁。全世界的白蚁每年能产生总计约 2,000 万吨甲烷。

夺命追魂屁

有一种叫作鳞蛉的昆虫，可以减少白蚁的屁对地球的危害。鳞蛉幼虫会在白蚁丘四周狩猎，用世界上唯一可以致命的屁来迷晕白蚁，然后美餐一顿。鳞蛉的屁里含有一种叫作异源激素的化学物质，可以麻痹并杀死白蚁。这真是一个威力无敌的屁呀。

狠屁无声威力大，
个个致命叫你怕！

别班门弄斧了！
哈哈哈！

蟒蛇会放屁吗？

如果你曾经在一条蟒蛇旁边停留片刻，那你肯定知道这个问题的答案。没错，在动物王国里，蟒蛇放的屁最臭了！

吃肉和放屁

饭量很大的肉食动物，放的屁会非常臭。这是因为肉里含有大量的硫。在消化过程中，硫会变成难闻的硫化氢气体。

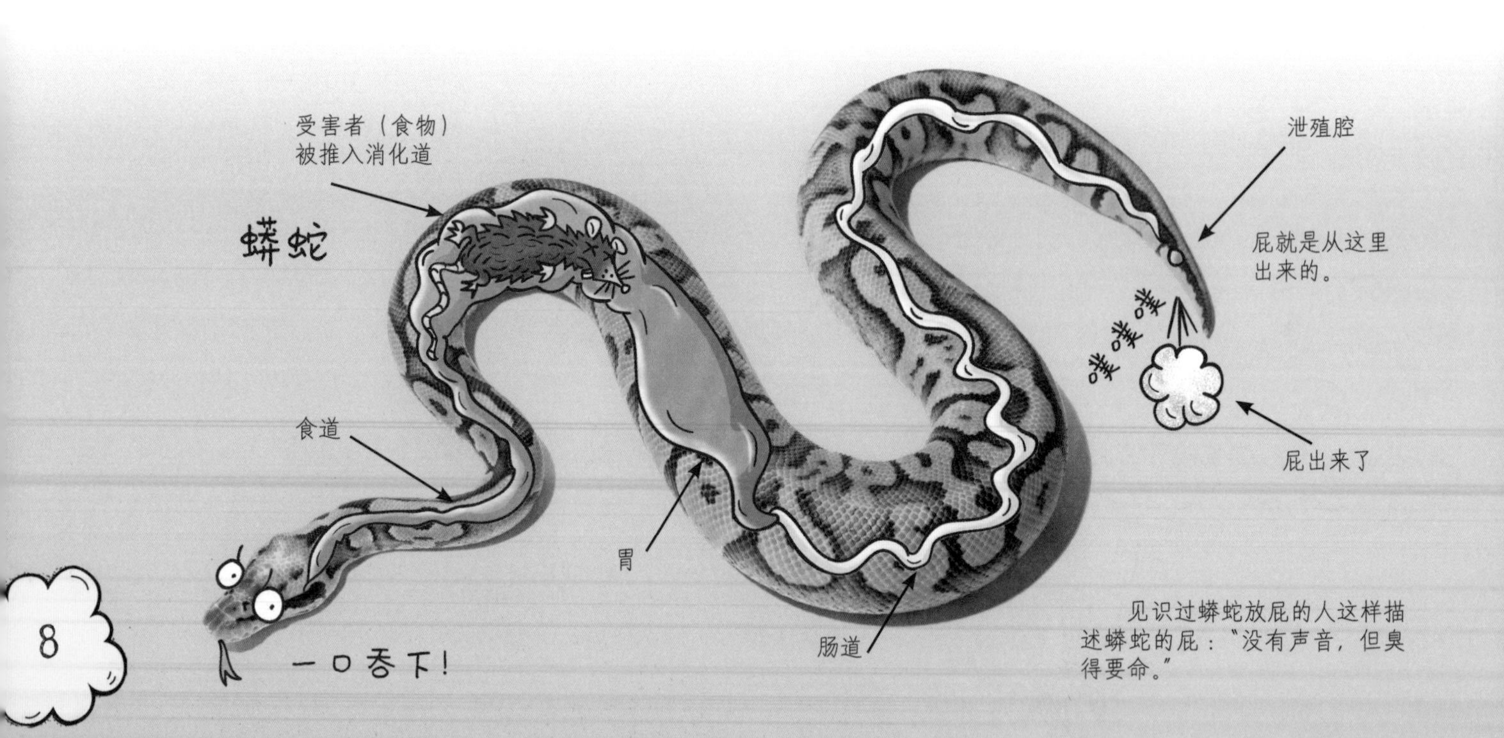

受害者（食物）
被推入消化道
蟒蛇
泄殖腔
屁就是从这里
出来的。
噗噗噗
食道
屁出来了
胃
肠道
一口吞下！
见识过蟒蛇放屁的人这样描述蟒蛇的屁："没有声音，但臭得要命。"

其他放臭屁的蛇

蟒蛇并不是唯一放臭屁的蛇……

铜头蝮蛇主要吃老鼠、田鼠，有时也吃青蛙（难怪它放的屁那么臭）。报道称，当铜头蝮蛇放屁时，会发出吱吱的声响……那声音小到让你觉得是自己听错了——直到你被屁熏醒。

铜头蝮蛇

另一种最好避而远之的蛇是美国西部猪鼻蛇。当它受到惊吓或害怕的时候，就会一边扑腾一边屎屁迸射。如果你不想被蛇粪喷到，最好躲得远远的。

人类不用屁来交流。然而，在动物世界里，一个屁抵得上千言万语。

铛铛！历史时间到

一场鲱（fēi）鱼屁引发的战争

在 20 世纪 80 年代至 90 年代，瑞典国防部队曾几次在斯德哥尔摩港口附近海域用声呐探测到神秘的滴答声和咔哒声。他们怀疑噪音来自潜伏的俄罗斯潜艇，但怎么探索都一无所获。于是，瑞典首相给俄罗斯总统发了一封怒气冲冲的信……

瑞典海军进入战备状态……

两国战争一触即发……

直到瑞典人意识到滴答声实际上是鲱鱼的放屁声。

鲱鱼的屁

专家认为，鲱鱼通过放屁来帮助彼此保持联系。它们从肛门喷出气泡，发出只有鲱鱼和声呐操作员才能听到的高频率的滴答声。科学家称这种声音为“快速重复滴答声”或 FRT*。

当天黑需要防御时，鲱鱼会利用 FRT 聚集在一起。当它们移动时，也会利用 FRT 潜入深海或浮上水面。鲱鱼似乎将 FRT 当作鱼群活动的信号。

* 屁的英文单词为 fart，科学家可能是故意起了这个名字，鲱鱼靠屁交流这一研究在 2004 年获得了“搞笑诺贝尔奖”。

铛铛！科普时间到

气体和气压

气体受压力作用的影响，其大小与所处的海拔高度有关，海拔越高，压力作用越小。

在高空，大气带来的压力作用比在地面小，气体会膨胀。所以人们在飞机上放屁更多，压力作用小了，屁放着也轻松嘛。而在大海深处，海水带来的压力作用比在海面大，气体被压缩。所以，如果在水下释放的小小鲱鱼屁能够顺利上浮的话，整个过程中，屁受到的压力作用会越来越小，体积就不断变大了。

水里的放屁者

真不好意思！

噗！

鲱鱼不是唯一会放屁的鱼。在海洋、湖泊和河流中，还生活着很多在水里放屁的家伙。

放屁鱼灰鳉(jiāng)

墨西哥的夸特罗谢内加斯自然保护区是地球上绝无仅有的动物家园。这里有一种叫灰鳉的浅水鱼，这种鱼平时喜欢把自己埋在泥沙里，它们一直被气体困扰着：

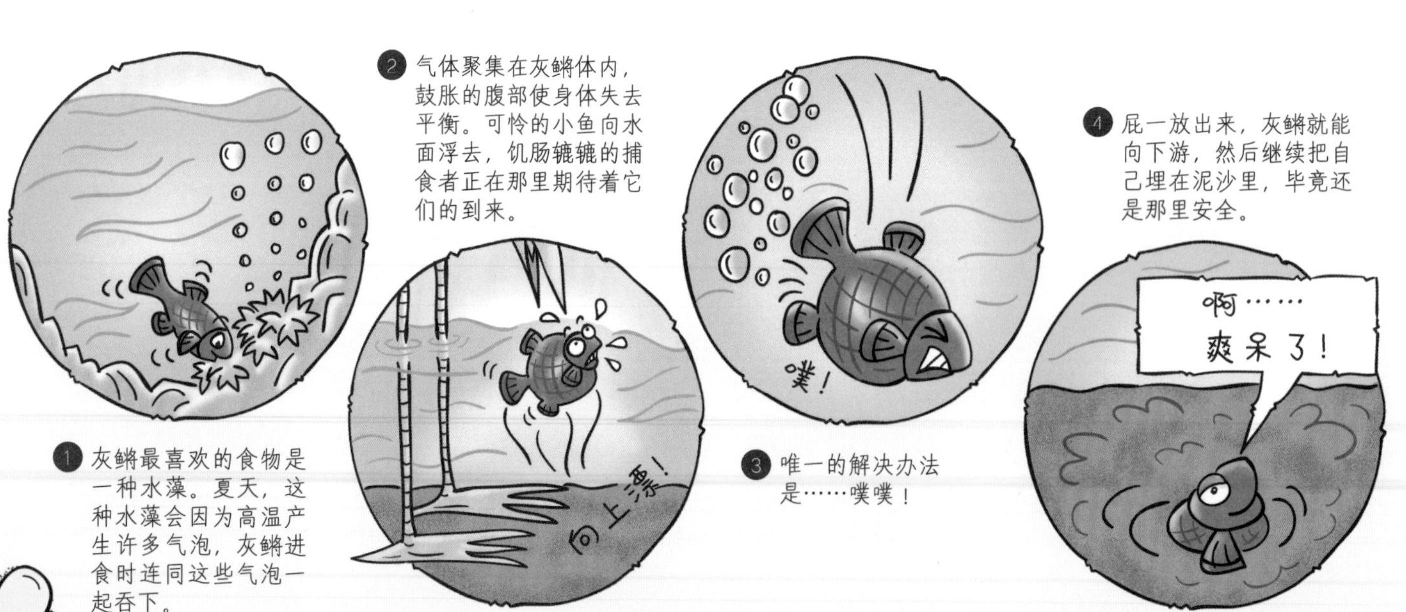

❶ 灰鳉最喜欢的食物是一种水藻。夏天，这种水藻会因为高温产生许多气泡，灰鳉进食时连同这些气泡一起吞下。
❷ 气体聚集在灰鳉体内，鼓胀的腹部使身体失去平衡。可怜的小鱼向水面浮去，饥肠辘辘的捕食者正在那里期待着它们的到来。
向上漂！
❸ 唯一的解决办法是……噗噗！
噗！
❹ 屁一放出来，灰鳉就能向下游，然后继续把自己埋在泥沙里，毕竟还是那里安全。
啊……
爽呆了！

靠屁上浮下潜

西印度海牛有时被称为“海里的牛”。它们大部分时间都在海床上啃食海草和其他植物。消化海草时会产生大量气体，而海牛对此自有妙用。需要换气时，它们把气体聚集在消化道里，帮助自己浮起来。当它们想沉下去时，只需要放个屁就解决问题了。

如果海牛便秘，并且无法正常放屁，那可就大事不妙了。

沙虎鲨也是一种靠屁上浮下潜的动物。鲨鱼一旦停止游动，通常就会沉底，但是却有人看到沙虎鲨漂浮至水面上“呼吸”空气。原来，沙虎鲨把空气憋在了胃里，这样就可以毫不费力地浮上水面了。同海牛一样，当沙虎鲨想要下潜时，仅需放个屁。

臭气熏天的狗屁

泡菜先生这一声“啵”，可真是非同凡想。

你和家人正围坐在餐桌旁。突然，有人吸了吸鼻子，看了看旁边的人：“是你吗？”

不，那不是人类的屁，是泡菜先生的。

最大的臭屁鬼？

养狗的人都知道狗屁的厉害。和人类一样，越臭的狗屁含有的硫化氢气体也就越多。

这只串串狗的屁味道浓郁极了！

铛铛！科普时间到

如果有一份工作，会让你彻底不想成为一名科学家，那肯定是“狗屁研究员”。尽管如此，一些勇敢的科学家还是对狗屁的难闻程度进行了研究，他们是这样做的：

1. 给狗狗们穿上带有硫黄气体探测器的特殊衣服，探测器的位置就在有效区域（即肛门）附近。

2. 由气味评判员细闻每一个屁（这是真的），然后按 1~5 打分：1 分 = 有声音但不臭，5 分 = 臭不可闻。

野生的臭屁鬼

制造刺鼻臭气的不只是宠物狗。如果你不想让鼻子遭罪，最好离非洲野犬和狼也远一点。

非洲野犬喜欢群居生活，彼此间非常友善。当同伴狩猎归来时，它们会变得兴奋异常，开始又是拉屎又是放屁。

狼和所有宠物狗（甚至包括茶杯犬、吉娃娃）拥有共同的祖先，所以狼屁很刺鼻就不足为奇了。别忘了，它们也是肉食动物。

很高兴再次遇见你！
我们似乎很久没见了。
啪！
噗！

真的，还是假的？

● 有一种马勃菌被叫作放屁菇。

真的：这种蘑菇真实存在。它的顶部有一个小洞，当你挤压蘑菇时，它会像“放屁”一样释放出孢子以及刺鼻的味道。

● 鬣狗是一种巨大的、臭烘烘的狗。

假的：鬣狗不是狗，它属于猫型总科！不过，鬣狗确实非常臭。它们只吃肉*，并从肛门分泌出气味难闻的黏稠物。据说，当鬣狗吃了骆驼的肠子后，它的屁将奇臭无比。

*这些肉会粘在鬣狗的牙齿上，然后腐烂，所以它们也会有口臭。（不过，如果一只鬣狗对着你呼吸，口臭就不是你面对的最大的麻烦了……）

屁和气候危机

世界上的动物们在不断地放屁。这些臭烘烘的气体是造成气候危机的原因之一。

影响气候的牛屁

牛的屁和嗝含有一种叫作甲烷的温室气体。一些科学家认为，牛产生的温室气体占整个农业生产所产生的温室气体的三分之一。牛的屁正以惊人的速度加剧气候变化。

噗！
一头牛
每年放屁和打嗝
产生的甲烷有
100多千克呢！

铛铛！科普时间到

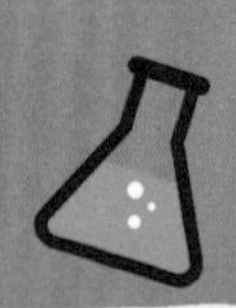

温室气体和气候变化

动物放的屁是混合气体，其中一些是温室气体。它们进入到地球的大气层中，不断吸收热量，让地球像在温室里一样。

温室气体的增加是全球气温上升的原因之一。动物的屁不是温室气体的最大来源，却是一个重要来源。

你能做什么？

有些供肉用或供奶用的牛在某些环境下也会释放少量的气体。它们释放多少气体受到很多因素的影响，包括它们在哪里吃草以及它们的饮食是否健康等。

虽然我们没有办法阻止动物们排放气体，但是我们可以从身边小事做起，节水、节电、节能，减少温室气体排放，共同守护我们的绿色家园。

对牛屁采取的措施

2016 年，美国加利福尼亚州决定减少由牛产生的气体带来的威胁，并制定了法律来限制牛通过放屁、打嗝和排便向大气中排放温室气体。

阿根廷的研究人员通过特制的“牛屁背包”收集牛的屁，用来测量一头牛到底能够产生多少甲烷。其最终目的是研制一种能够让牛少放屁的新型饲料。

有些人建议用牛屁背包收集甲烷，然后将其提纯，用作火箭的清洁燃料，甚至为你的房子供暖。

屁能当武器

我们知道，大象有时会故意对着其他大象的脸放屁，以示不满。而且，大象并不是唯一使用屁进行战斗的动物。

小心你的脸

大象体形很大，这意味着它们有很大的消化系统，能放出很大的屁。大象有时用放屁来表示愤怒。如果另一头大象真的让它们感到不安，它们就会转过身来，冲着对方的脸放个屁。

自己的脸也不放过

海百合别无选择，只能对着自己的脸放屁。它们的肠道是 U 形的，肛门就在嘴的旁边。

友情提示：千万不要闻海百合。

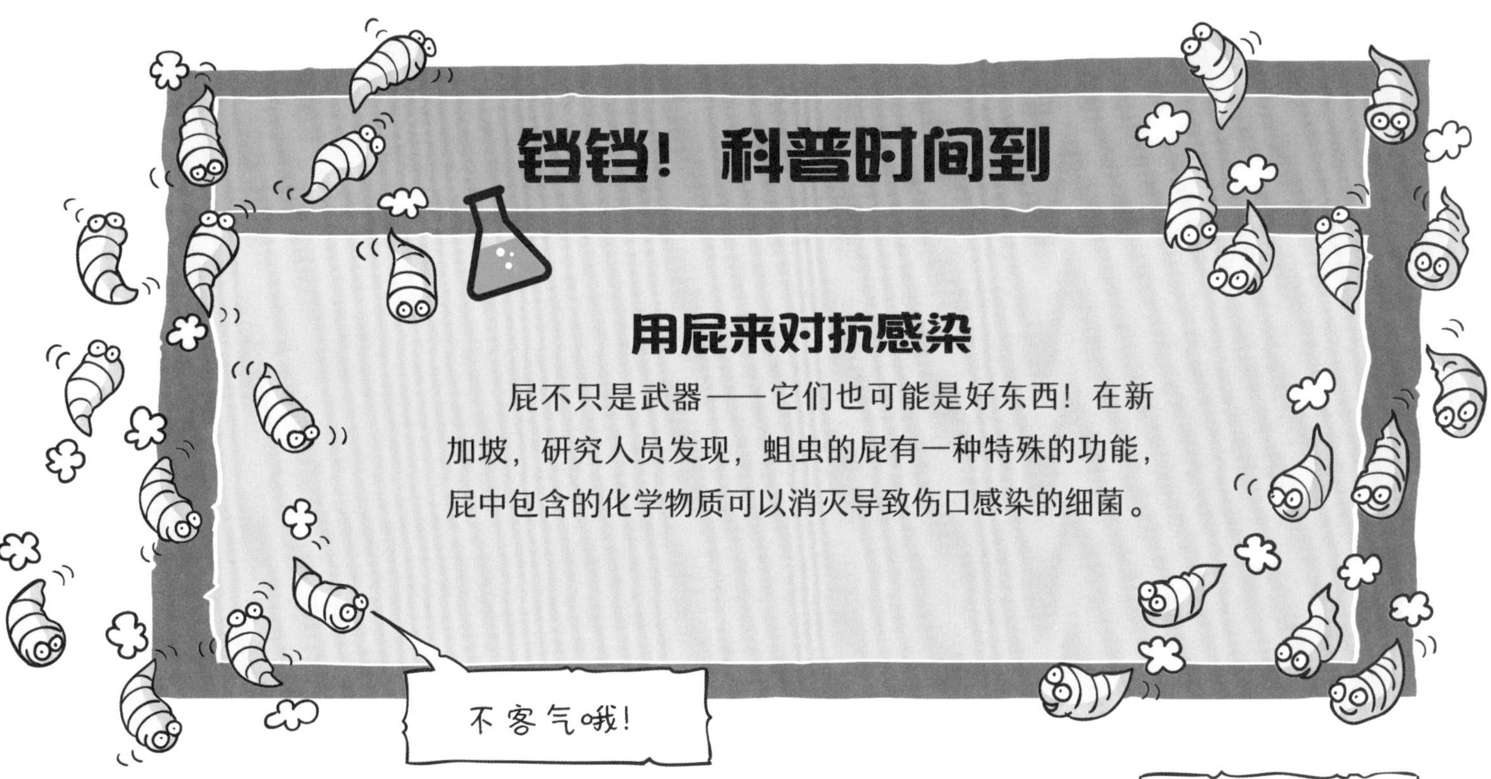

铛铛！ 科普时间到
用屁来对抗感染
屁不只是武器——它们也可能是好东西！在新加坡，研究人员发现，蛆虫的屁有一种特殊的功能，屁中包含的化学物质可以消灭导致伤口感染的细菌。
不客气哦！

臭鼬的屁

臭鼬和雪貂在遇到危险时会因害怕而放屁。放屁时，这些动物不仅发出尖锐的叫声，还会炸毛并排便。总而言之，最好不要让臭鼬或雪貂紧张，因为它们的屁都奇臭无比。

一些养雪貂当宠物的人说，它们甚至会被自己的屁吓到：当臭味到达鼻孔时，雪貂会因受到严重的惊吓而逃窜。

充满爱意的屁

人类如果在表达爱意时放屁肯定会被讨厌——至少在臭味消失之前是这样的。然而，有些动物却觉得新鲜的屁很有吸引力。

当南方松甲虫女士想要寻求伴侣时，她会放个屁。屁里传递出这样的消息：

寻求年轻的雄性松甲虫共同创造新群体，要求另一半必须喜欢嚼树皮。
噗

这条信息通过一种叫作费洛蒙的信息素传递。它向附近的甲虫广播，一只雌性发现了一棵很好的树，邀请它们来共同生活。

铛铛！科普时间到

费洛蒙

费洛蒙是许多动物都能产生的化学物质。它是一种含有味道的信息，可以被同类理解。例如，蜜蜂可以通过发出有气味的信号来保卫蜂巢，还可以告诉雌蜂不要生儿育女，甚至告诉幼虫它应该成为工蜂还是蜂王。

狒狒的屁股

甲虫和蜜蜂并不是仅有的“屁爱者”，与它们相比，雌性狒狒的操作方式还要更特别一些。准备交配时，雌性狒狒的臀部会肿胀起来。据说，肿胀的屁股会放出更响、更臭的屁。不管你信不信，这都挺浪漫的，而且还让它对雄性狒狒格外有吸引力呢！

哦，我的天哪！
没什么好害羞的，桑德拉。
噗！

臀部最大的雌性狒狒最受欢迎。雄性狒狒有时会为了能够与心仪的雌性交配而争斗。

它们不放屁？

会放屁的动物种类非常多，从狒狒到山猫，从貘（mò）到白蚁，从袋熊到鲸鱼……不过，对一些动物来说，“它放屁吗？”这个问题的答案，我们也不太确定。

蜘蛛不放屁？

蜘蛛排在“可能放屁”和“可能不放屁”名单的前列。这是因为蜘蛛的大部分食物消化是在体外进行的：

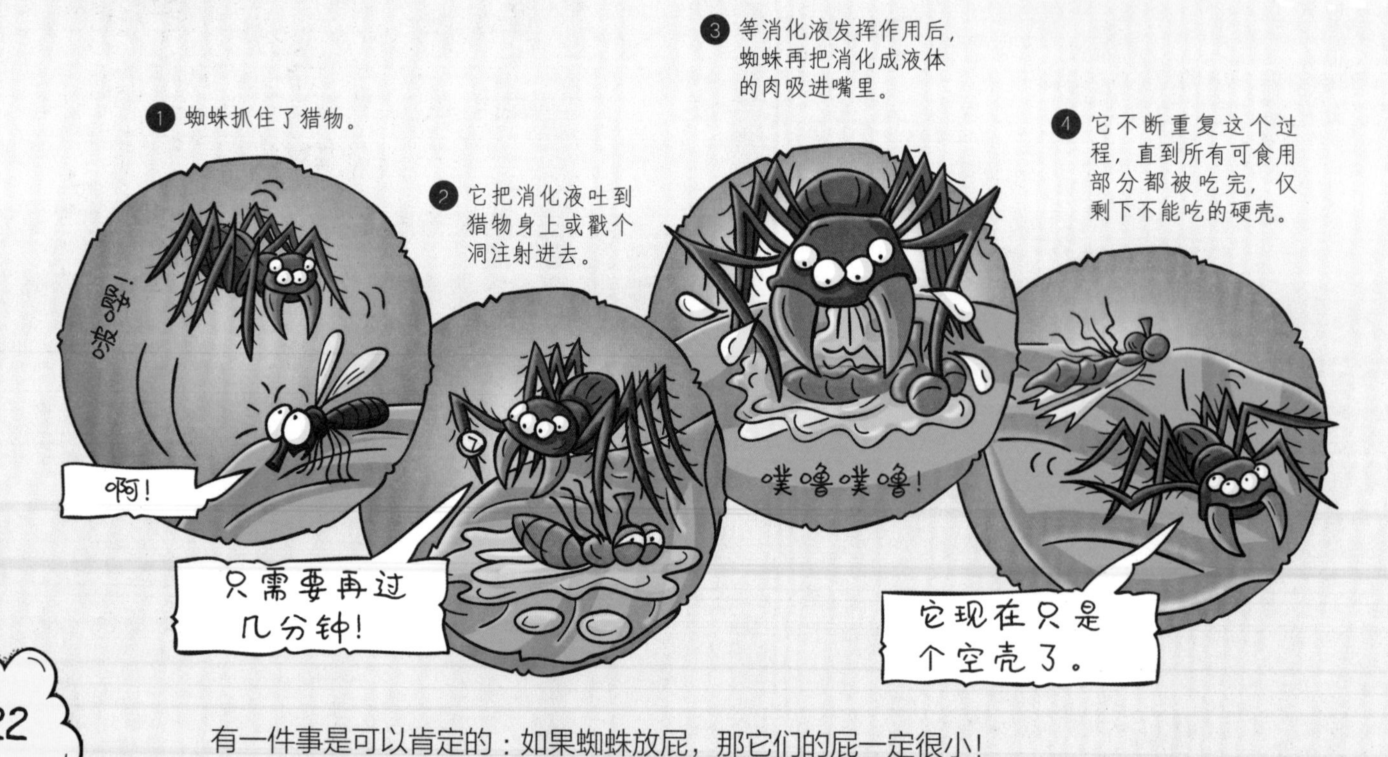

① 蜘蛛抓住了猎物。
嗖嗖！
啊！
② 它把消化液吐到猎物身上或戳个洞注射进去。
只需要再过几分钟！
③ 等消化液发挥作用后，蜘蛛再把消化成液体的肉吸进嘴里。
噗噜噗噜！
④ 它不断重复这个过程，直到所有可食用部分都被吃完，仅剩下不能吃的硬壳。
它现在只是个空壳了。

有一件事是可以肯定的：如果蜘蛛放屁，那它们的屁一定很小！

蝙蝠不放屁？

蝙蝠是哺乳动物，哺乳动物还包括人类、大象、狗、海豹和其他著名的屁王。你可能因此断定蝙蝠肯定放屁，但科学家们并不是百分之百确定。因为蝙蝠的消化速度非常快。

蝙蝠需要超快的消化速度，因为驮着满载而沉重的胃会让它“寸步难飞”。在进食几分钟后，蝙蝠会把消化完的食物残渣排出体外。科学家们也不确定在这么短的时间内会产生多少消化气体。

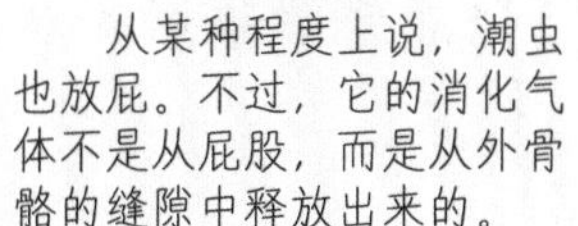

从某种程度上说，潮虫也放屁。不过，它的消化气体不是从屁股，而是从外骨骼的缝隙中释放出来的。

青蛙不放屁？

青蛙可能会放屁——因为蝌蚪会产生消化气体，所以青蛙可能会放屁。不过，它们放屁时绝对不会发出声音。青蛙泄殖腔孔周围的肌肉很薄弱，所以消化产生的气体会悄无声息地渐渐泄漏出去。

不放屁的动物

想象一下，有一些动物是不会放屁的。这些可怜的家伙永远不会体会到臭屁王们放屁后的愉快，以及若无其事转身离开的潇洒。

贻贝们聚在一起牢牢地黏附在岩石上，所以它们不放屁可能是件好事。

贝类不放屁

贝类是不放屁的动物之一。当然，即使放了屁，它们也没法走开。小贻（yí）贝或蛤蜊（gé lí）能达到的最快速度是每小时几厘米。

海洋中的无屁者

由于水下压力的存在，对于一些海洋生物来说，在身体里储存很多屁可不是什么好主意。这可能就是没有人见过章鱼放屁的原因吧，尽管它的消化系统运行得很慢。

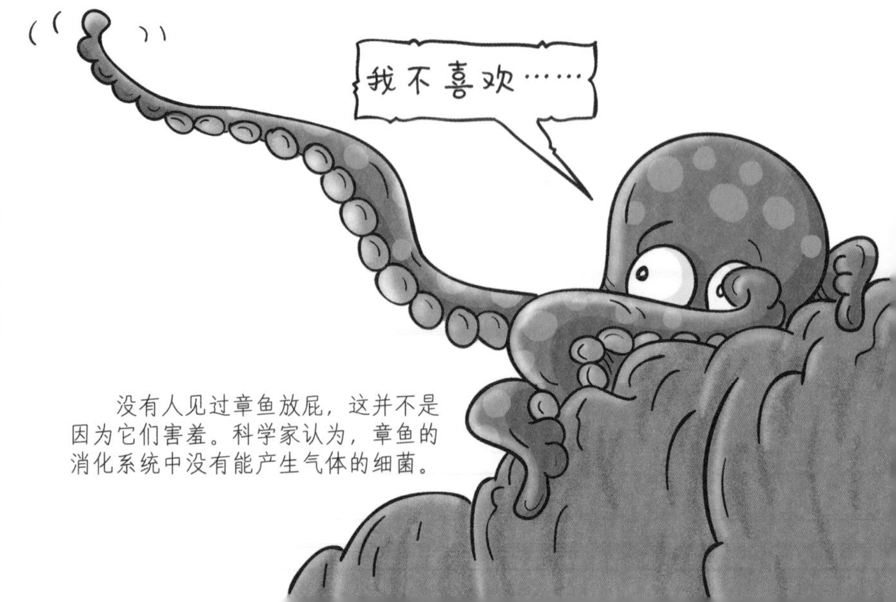

没有人见过章鱼放屁，这并不是因为它们害羞。科学家认为，章鱼的消化系统中没有能产生气体的细菌。

树懒懒得放屁?

几乎所有的哺乳动物都放屁，但是科学家认为树懒除外。树懒的消化速度非常非常慢，一顿饭需要好几天才能通过它们的消化系统进行消化。科学家们还认为，树懒的屁不是被放出来的，而是先被吸收进血液，然后输送到肺里，最后直接被呼出来。

鹦鹉假装放屁

许多人都认为鹦鹉会放屁。你甚至可能看过一些视频，里面有鹦鹉在放屁——但是，它们其实并没有放屁。因为，据科学家研究，鸟类根本不会放屁。

鹦鹉善于模仿。所以当你听到一只鹦鹉发出“噗”的声音时，它应该是在模仿人类发出的声音……

铛铛！科普时间到

为什么鸟类不放屁?

关于鸟类为什么不放屁，有以下两种理论：

1. 鸟类像蝙蝠一样，身体需要尽可能轻才能飞行。因此食物在它们体内消化很快，不足以产生大量气体。

2. 鸟类的肠道中没有消化食物时产生气体的细菌。

恐龙放屁吗？

科学家们认为，鸟类是由某种恐龙进化而来的，这就引出一个重要的问题：既然鸟类不会放屁，那恐龙会放屁吗？

恐龙的后裔

大多数科学家认为鸟类是恐龙中手盗龙类的后代。有些手盗龙甚至长有羽毛，比如著名的中国猎龙。

咕噜噜
咕噜噜
这些恐龙放不放屁？
我不记得了……
?
别叫我呆鸟！

因为手盗龙与鸟类相似，科学家们认为它们可能不会放屁。然而，几乎可以肯定的是，会放屁的恐龙也是存在的……

臭烘烘的蜥脚类恐龙

蜥脚类恐龙是大型植食性恐龙。和现代植食动物一样，它们可能会放很多屁。蜥脚类恐龙中的阿根廷龙是目前已知最大的陆生动物之一，所以，你知道这意味着什么……

它们就要出来了！
呵，呵呵！

铛铛！科普时间到

蜥脚类恐龙的消化

要彻底搞清楚蜥脚类恐龙的肠道里到底有什么细菌，已经不太可能了，因为它们在大约 6,500 万年前就灭绝了。但科学家们认为，蜥脚类恐龙消化食物的方式和今天的牛类似——牛当然会放屁啦。

铛铛铛！科普时间到

屁引起了气候变化？

科学家认为，大型恐龙释放出来的甲烷量与人类今天释放到大气中的甲烷量相似。如果真的是这样，那么屁就是引起气候迅速变化的原因之一。

有些人认为是气候变化导致了恐龙的灭绝：巨大的甲烷排放量导致地球气候变暖，而恐龙的体温不恒定，会随着环境温度的升高而升高。恐龙既不能适应新的气候，也不能改变生活习性给地球降温，所以就灭绝了。

动物屁之最

从最臭的到最响的，从最长的到最小的，这里有一些动物世界的屁之最：

最臭的屁

目前还没有人正式担任过“动物屁味大赛”的官方裁判。但是有一些动物，比如犀牛和海狮，它们的屁总被认为是能进入你鼻子的最恶心的气味。

铛铛！科普时间到

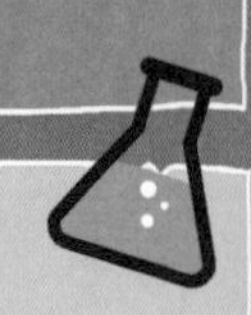

后肠消化

吃大量草类食物的动物通常在食物接近消化系统末端，也就是“后肠”的时候消化。

因为后肠消化发生在离动物的屁股非常近的地方，所以气体积聚后很容易被释放。世界上那些最臭的屁的制造者都是后肠消化动物，比如马和犀牛等。有的科学家认为，蜥脚类恐龙也是臭屁制造者之一。

犀牛的屁在以下几个方面很有竞争力：1. 每个闻过犀牛屁的人都认为很可怕；2. 真的很长；3. 声音很洪亮。

海狮群简直臭不可闻——它们鱼腥味的屁就是原因之一。海狮几乎只吃鱼类、贝类和软体动物，所以它们的屁如此难闻就不足为奇了。

最响的屁

非洲平原上回荡着屁的交响曲！我们知道犀牛和河马的屁又响又长，但是屁王国中最令人吃惊的屁可能来自斑马。它们放屁的声音，甚至在几公里外都能听得一清二楚。

斑马感到紧张或开始奔跑时会大声放屁。如果一群斑马因紧张而狂奔，那放屁声必定令人终生难忘。

最长的屁

世界上最长的屁的纪录几乎可以肯定是由人类保持的。据报道，英国伦敦的伯纳德 · 克莱门斯创造了 2 分 42 秒的放屁时长纪录。后来，克莱门斯在一个特殊的空气室中接受治疗，因为他的血液中积聚了大量气体。

屁的内幕大公开

谁的屁可以退敌？

索诺拉珊瑚蛇利用放屁的声音来吓跑捕食者。它们抬起尾部，把空气吸进泄殖腔，然后发出噗噗噗的声音。

谁的屁让飞机紧急迫降？

2015 年，一架从澳大利亚飞往马来西亚的航班因烟雾报警器报警而紧急迫降。调查人员发现，警报是由飞机上运送的 2,000 多只羊放屁引起的。

一个人每天放多少屁？

一个人每 24 小时放出的屁几乎足以装满一个 1 升的瓶子。大多数人每天放屁 5~15 次。

袋鼠会放屁吗？

袋鼠的屁真的不多，即使是在跳跃的时候也不怎么放屁。这是因为它们肠道内的细菌产生的气体比其他动物少。

宇航员在太空放屁怎么办？

屁里含有易燃气体。正常情况下，它们会在空气中逐渐扩散，但并不会在太空扩散。因此，必须使用特殊气体处理装置来清除宇航员排出的有害气体。

你知道吗？

屁　　：从消化道末端释放或排出的消化气体。

苏美尔：古地区名，在今伊拉克东南部幼发拉底河和底格里斯河下游。早期居民苏美尔人是两河流域早期文化的创造者。

细　菌：原核生物的一大类，广泛存在于土壤、水、空气、动物和植物中，对自然界物质循环起着重大作用。

消　化：人和动物从所吃的食物中获得身体所需的过程。

消化道：一条起自口腔,延续到胃、小肠，最后到肛门的管道。

肠　道：人体重要的消化器官，大部分消化过程发生在消化道的肠道部分。

泄殖腔：某些鱼类、鸟类、两栖类和爬行动物等的肠道、输尿管和生殖腺的开口所在的空腔。

声　呐：利用声波在水中的传播和反射来进行导航和测距的技术或设备。

压　力：物体所承受的与表面垂直的作用力。

体　积：物体所占空间的大小。

便　秘：无法正常排便。

气候变化：气候平均状态随时间的变化。气候变化的幅度越大，气候状态越不稳定。

气候危机：指地球气候的变化，尤其是全球变暖所带来的种种现象和危机。

甲　烷：无色无味的可燃气体，用作燃料和化工原料。

温室气体：一些能在大气中聚集并保持热量的气体，如二氧化碳、甲烷等。温室气体使地球变得更温暖的现象称为“温室效应”。

植食动物：主要食用活的植物，包括摄食植物的叶、种子和果实，吸取植物叶汁及真菌的动物。

灭　绝：整个物种不再存在。

易　燃：常温下燃点较低，能够被点燃。

Picture credits:

Photo of Milo used with kind permission of Jono Goldsack and Lucy Rubenstein:14.

Photo of Bolson pupfish used with kind permission of Johnny Jensen, JJPhoto.dk, aquariumphoto.dk: 12.

Shutterstock:

Aleksi Alekhin 18; Andrissimo 29; Kurit Ashfen 23b; Bamgraphy 7t; Seyms Brugger 15; Chameleons Eye 21b; Ch123 23c; Couperfield 19; Cpaulfell 21c; Claude Huot 6; IrinaK 9;C Jansuebsri 5cr; dejan_k 16; Ryosuke Kuwahara 5br; Lehrer 20; MicheleB 28; Teresa Moore 24; Parkol 25; RZ_Videos 7b; james_stone 76 5tr; Viper345 8; John Woolwerth 13.